Wissenschaftliche Taschenbücher WTB

TEXTE

J. H. Sanders

# Die Lichtgeschwindigkeit

## Einführung und Originaltexte

Akademie-Verlag · Berlin
Pergamon Press · Oxford
Vieweg + Sohn · Braunschweig

WTB Wissenschaftliche Taschenbücher

ROLF BORSDORF / MANFRED SCHOLZ
**Spektroskopische Methoden in der organischen Chemie**

WERNER HABERDITZL
**Magnetochemie**

GERHARD HEBER
**Mathematische Hilfsmittel der Physik,** Teil I und II

A. A. SOKOLOW
**Elementarteilchen**

HERBERT GOERING
**Elementare Methoden zur Lösung von Differentialgleichungsproblemen**

HEINZ AHRENS
**Varianzanalyse**

HANS-JÜRGEN TREDER
**Relativität und Kosmos**
Raum und Zeit in Physik, Astronomie und Kosmologie

ALBERT EINSTEIN
**Grundzüge der Relativitätstheorie**

ALBERT EINSTEIN
**Über die spezielle und die allgemeine Relativitätstheorie**

GÜNTHER LUDWIG
**Wellenmechanik.** Einführung und Originaltexte

HARRY PAUL
**Lasertheorie,** Teil I und II

FRANZ RUDOLF KESSLER
**Einführung in die physikalischen Grundlagen der Kernenergiegewinnung**

D. TER HAAR
**Quantentheorie.** Einführung und Originaltexte

J. H. SANDERS
**Die Lichtgeschwindigkeit.** Einführung und Originaltexte

*Vorschau auf die nächsten Bände:*

STEPHEN G. BRUSH
**Kinetische Theorie, Teil I und II.** Einführung und Originaltexte

EBERHARD TEUSCHER
**Pharmakognosie, Teil I und II**

EBERHARD HOFMANN
**Eiweiße und Nucleinsäuren als biologische Makromoleküle**
**Dynamische Biochemie, Teil I**

WTB

BAND 57

*J. H. Sanders*

# Die Lichtgeschwindigkeit

## Einführung und Originaltexte

Mit 31 Abbildungen

AKADEMIE-VERLAG · BERLIN

PERGAMON PRESS · OXFORD

VIEWEG + SOHN · BRAUNSCHWEIG

WTB TEXTE

Verantwortlicher Herausgeber dieses Bandes:
*Dr. Manfred Hoffmann*
Sektion Physik
der Karl-Marx-Universität, Leipzig

Übersetzung aus dem Englischen:
*Dr. E. Jäger*

Übersetzung des Bandes „The Velocity of Light“
aus der Reihe „Selected Readings in Physics“
(herausgegeben von D. ter Haar)


1970

Lizenznummer: 202 · 100 /439/70
Druck: VEB Druckhaus „Maxim Gorki“, 74 Altenburg
Bestellnummer: Akademie-Verlag 7057 · ES 18 B 1
Pergamon Press 08 006840 5
Vieweg & Sohn 6057
Printed in German Democratic Republic

*Inhaltsverzeichnis*

# Vorwort

Der Hauptteil dieses Buches beschäftigt sich mit drei Arbeiten, die moderne Messungen der Lichtgeschwindigkeit beschreiben. Diese drei Arbeiten sind vollständig übersetzt: zwei von ihnen sind nicht leicht zugänglich, abgesehen von großen wissenschaftlichen Bibliotheken. Im Teil 1 liefert ein Kommentar die notwendige Basis zum Verständnis der Tatsachen, die in den Arbeiten beschrieben sind. Außerdem sind einige Punkte erklärt, die in den Arbeiten notwendigerweise nur kurz behandelt werden konnten. Um die Arbeiten in die richtige Perspektive zu rücken, ist ein kurzer Überblick über die frühen Versuche zur Messung der Lichtgeschwindigkeit gegeben. Die letzten Abschnitte beschreiben die modernsten Messungen und die Richtung, in der zukünftige Arbeiten zu erwarten sind.

Zu Dank verpflichtet bin ich der University of Chicago Press für die Erlaubnis, die Arbeit von Michelson, Pease und Pearson, die in dem ASTROPHYSICAL JOURNAL erschien, nachzudrucken, der Royal Society, Dr. L. Essen und Herrn A. C. Gordon-Smith für die Genehmigung zum Nachdruck der Arbeit aus den PROCEEDINGS OF THE ROYAL SOCIETY und der Königlichen Schwedischen Akademie der Wissenschaften und Dr. Bergstrand für die Nachdruckerlaubnis der Arbeit aus dem ARKIV FÖR FYSIK.

J. H. Sanders

Der international empfohlene Wert der Lichtgeschwindigkeit ist zur Zeit

$$299\,792{,}5 \text{ km/s};$$

die Unsicherheit dieses Wertes beträgt ungefähr $10^{-6}$.

# Einführung

Die exakte Messung der fundamentalen physikalischen Größen ist eine Angelegenheit, die die Aufmerksamkeit einiger der bedeutendsten Experimentalphysiker der Welt auf sich gezogen hat. Von allen meßbaren Naturkonstanten hat die Lichtgeschwindigkeit die größte Anziehungskraft: Das Licht ist eine direkt beobachtbare Erscheinung, und der Philosoph ist geradezu verführt, über seine Natur und darüber zu spekulieren, wie schnell es sich fortpflanzt. Diese Probleme können nur durch Experimente gelöst werden. Das Licht hat eine so hohe Geschwindigkeit, daß es, ganz anders als im Falle des Schalles, keinen einfachen Weg gibt zu unterscheiden, ob es sich momentan oder in einem endlichen Zeitintervall von einem Ort zu einem anderen fortbewegt.

Gegen Ende des siebzehnten und zu Beginn des achtzehnten Jahrhunderts lieferten astronomische Daten den ersten Hinweis auf einen endlichen Wert der Lichtgeschwindigkeit. Bis zur Mitte des neunzehnten Jahrhunderts verging aber noch eine lange Zeit, ehe die sich entwickelnde Technik die Durchführung einer Reihe von Laboratoriumsmessungen der Geschwindigkeit erlaubte. Etwa um diese Zeit begann die theoretische Physik zu zeigen, daß die Lichtgeschwindigkeit eine entscheidendere Rolle in der Physik spielt, als bis dahin angenommen wurde. MAXWELLS elektromagnetische Theorie und die darauf folgende experimentelle Entwicklung bei der Erzeugung elektromagnetischer Strahlung zeigten, daß das sichtbare Licht nur ein Teil des breiten Spektrums von Strahlung ist, die sich im freien Raum mit der gleichen Geschwindigkeit fortpflanzt. Mehr noch, die in den MAX-

WELLschen Gleichungen ausgedrückte Verbindung zwischen den elektrischen und magnetischen Feldern erlaubt es, diese Geschwindigkeit in einer fundamentalen Weise mit den Einheiten zu verknüpfen, die bei der Messung der elektrischen und magnetischen Größen benutzt werden. So ist z. B. im CGS-System die Größe $c$, die in den Beziehungen zwischen den elektrostatischen und elektromagnetischen Einheiten auftritt, identisch mit der Geschwindigkeit der elektromagnetischen Wellen im freien Raum; im MKS-System ist die entsprechende Größe $(\varepsilon_0\mu_0)^{-1/2}$, wobei $\varepsilon_0$ und $\mu_0$ die sogenannte Dielektrizitäts- bzw. Permeabilitätskonstante des freien Raumes sind.

Die Entwicklung der speziellen Relativitätstheorie durch EINSTEIN zeigte, daß eine Größe $c$, die wieder mit der Geschwindigkeit der elektromagnetischen Strahlung im freien Raum identifiziert werden kann, eine wesentliche Rolle in diesem Zweig der Physik spielt. Sie ist die obere Grenze für die Geschwindigkeit, mit der man zwischen zwei Raumpunkten Verbindung aufnehmen kann, die Höchstgeschwindigkeit der Materie oder der Energie bezüglich eines Beobachters, und sie erscheint als eine Konstante, die die Einheiten der Masse und der Energie verknüpft.

Die Benutzung des Wortes „Lichtgeschwindigkeit" zur Kennzeichnung der Geschwindigkeit der elektromagnetischen Strahlung im freien Raum (d. h. in einem unbegrenzten Vakuum) ist inzwischen so verbreitet, daß es pedantisch erscheinen müßte, sich von diesem Gebrauch zu lösen. Diese kürzere Bezeichnung wird deshalb auch in diesem Buch benutzt, es sei denn, es wird darauf hingewiesen, daß ein engerer Begriff gemeint ist.

Drei hervorragende Arbeiten aus der neueren Geschichte der Lichtgeschwindigkeitsmessungen wurden zum Studium ausgewählt: „Die Messung der Lichtgeschwindigkeit in einem unvollständigen Vakuum" von A. A. MICHELSON, F. G. PEASE und F. PEARSON, veröffentlicht (in englischer Sprache) im Band 82 des

ASTROPHYSICAL JOURNAL, 1935; „Die Ausbreitungsgeschwindigkeit elektromagnetischer Wellen, abgeleitet aus Resonanzfrequenzen eines zylindrischen Hohlraumresonators" von L. ESSEN und A. C. GORDON-SMITH, veröffentlicht (in englischer Sprache) in den PROCEEDINGS OF THE ROYAL SOCIETY, Band A 194, 1948; und „Eine Bestimmung der Lichtgeschwindigkeit" von E. BERGSTRAND, veröffentlicht (in englischer Sprache) im Band 2 des ARKIV FÖR FYSIK, 1950.

Die erste Arbeit ist ein Bericht über ein gut bekanntes Experiment, das, wie wir jetzt wissen, ein falsches Ergebnis lieferte. Die zweite Arbeit ist die erste vollständige Beschreibung einer Bestimmung, die mit dem Wert von MICHELSON, PEASE und PEARSON nicht übereinstimmte und die einen Wert in Übereinstimmung mit dem Ergebnis gab, das heute akzeptiert wird. BERGSTRANDS Arbeit beschreibt eine Messung, die nach klassischen Vorstellungen unter Benutzung der modernen elektronischen Technik durchgeführt wurde; das Resultat ist so präzise, wie es heute möglich ist, es stimmt mit neueren unabhängigen Messungen vollständig überein. Die erste Arbeit kann sowohl als herausfordernd als auch als instruktiv betrachtet werden, und der Leser ist aufgefordert, die Ursache für den Fehler in dem angegebenen Resultat zu suchen.

# Teil 1

# I. Frühe Arbeiten über die Lichtgeschwindigkeit

Das erste Anzeichen dafür, daß sich das Licht mit einer endlichen Geschwindigkeit ausbreitet, fand RÖMER im Jahre 1676. RÖMER entdeckte, daß die Zeitintervalle zwischen den Verfinsterungen des ersten Jupitersatelliten durch den Planeten kürzer waren, wenn sich die Erde dem Jupiter näherte, als die in der Periode, wenn sich Jupiter und die Erde voneinander entfernten. Er deutete diesen Effekt mit Hilfe der Zeit, die das Licht braucht, um sich im Raum auszubreiten; es ist in der Tat ein Beispiel für den DOPPLER-Effekt. Sein Wert von 48203 Seemeilen pro Sekunde (oder etwa 214000 km/s) ist von der richtigen Größenordnung, aber wegen seiner ungenauen Kenntnis der Relativgeschwindigkeit von Erde und Jupiter zu klein.

RÖMERS Entdeckung, daß sich das Licht mit endlicher Geschwindigkeit ausbreitet und nicht momentan, wie es sowohl von KEPLER als auch von DESCARTES angenommen wurde, wurde allgemein erst 1727 akzeptiert, als BRADLEY die Aberration des Lichtes demonstrierte. Dieser Effekt kommt von der Bewegung der Erde auf ihrer Bahn und ist eine scheinbare Veränderung in den Positionen der Fixsterne bezüglich eines mit der Erde fest verbundenen Koordinatensystems mit einer Periode von einem Jahr. Anschließend vergingen mehr als 100 Jahre, bevor irgendein Versuch gemacht wurde, die Lichtgeschwindigkeit exakt zu messen.

Die Methoden zur direkten Messung der Lichtgeschwindigkeit kann man in zwei Kategorien einteilen: *a*) in solche, die eine Messung der Zeit enthalten, die eine elektromagnetische Welle braucht, um eine bekannte Strecke zurückzulegen, und *b*) in solche, die die Messung der Wellenlänge $\lambda$ einer Welle mit bekannter Frequenz $f$ beinhalten; die Geschwindigkeit $c$ wird dann mit Hilfe der einfachen Beziehung $c = f\lambda$ berechnet. Die Methode (*a*) muß notwendigerweise eine gewisse Art Modulation der Welle enthalten, etwa die Aufspaltung in einzelne Impulse, so daß das auf diese Weise erzeugte Signal zur Zeitmessung benutzt werden kann; eine Welle mit konstanter Amplitude wäre offenbar nutzlos. (Eine Modulation, die von der Amplitudenmodulation verschieden ist und in diesem Zusammenhang prinzipiell auch sinnvoll wäre, wurde nicht benutzt und braucht hier nicht betrachtet zu werden.) Die gemessene Geschwindigkeit ist dann die *Gruppengeschwindigkeit* $v_g$, sie ist mit der Phasengeschwindigkeit (oder Wellengeschwindigkeit) $v_{ph}$ durch die Beziehung

$$v_g = v_{ph} - \lambda \frac{\mathrm{d}v_{ph}}{\mathrm{d}\lambda}$$

verknüpft. Die Phasengeschwindigkeit hängt dann mit der Geschwindigkeit im freien Raum $c$ durch

$$c = n v_{ph}$$

zusammen, wobei $n$ der Brechungsindex des Mediums ist, in dem sich die Wellen ausbreiten. Die Ableitung von $c$ aus der gemessenen Gruppengeschwindigkeit setzt die Kenntnis des Brechungsindex $n$ und der Dispersion $\mathrm{d}n/\mathrm{d}\lambda$ des Mediums voraus. Die Werte dieser Größen hängen im allgemeinen von der Wellenlänge der im Experiment benutzten Strahlung ab, so daß die Benutzung von z. B. weißem Licht, das einen breiten Wellenlängenbereich umfaßt, zu einer Unsicherheit in der Rechnung führen könnte. In trockener Luft bei normalem Druck und 0 °C enthält die Umrechnung von der Gruppengeschwindigkeit zur Geschwindigkeit im freien Raum einen Faktor, dessen Wert nahe bei 1,0003 liegt; die gegenwärtige Unsicherheit dieses Faktors beträgt etwa $\pm 0{,}2 \cdot 10^{-6}$ (vorausgesetzt, daß die atmosphärischen Bedingungen bekannt sind). Alle früheren Arbeiten zur Messung der Lichtgeschwindigkeit wurden in Luft ausgeführt, aber die Fehler in der Umrechnung zum freien Raum waren immer klein im

Vergleich zu den anderen Fehlern im Resultat. Von den drei in diesem Buch ausführlich diskutierten Methoden enthält nur die von Bergstrand eine Umrechnung dieser Art.

Die Methode (*b*) benutzt eine kontinuierliche, unmodulierte Welle; es wird die Phasengeschwindigkeit gemessen. Sie wurde bis jetzt nur in den Hochfrequenz- und Mikrowellenbereichen angewendet, da es noch keine Technik für die direkte Frequenzmessung im infraroten und sichtbaren Gebiet des Spektrums gibt. Wenn diese Methode in einem Medium wie Luft benutzt wird, so setzt die einzige notwendige Umrechnung nur die Kenntnis des Brechungsindex voraus, nicht aber die seiner Ableitung nach der Wellenlänge. Die Methode von Essen und Gordon-Smith ist als ein Beispiel dieser Art genommen; es waren keine Korrekturen notwendig, da die Messung im Vakuum ausgeführt wurde.

Es ist vielleicht überflüssig, darauf hinzuweisen, daß die Messung einer Geschwindigkeit sowohl Längen- als auch Zeitnormale voraussetzt; selbstverständlich ist auch ein Vergleich der experimentell bestimmten Größen mit den Normalen. Fast während der gesamten Geschichte der Lichtgeschwindigkeitsmessungen war die Genauigkeit der vorhandenen Normale und die Genauigkeit der verfügbaren Technik für den Vergleich mit den Normalen besser als die Genauigkeit des Experimentes selbst, wenn auch bei den jüngsten Bestimmungen der Längenvergleich einen wesentlichen Beitrag zum Gesamtfehler lieferte. Das Zeitnormal ist eine Frequenz, die heute die am exaktesten definierte Größe ist; Frequenzen können ziemlich einfach mit hoher Präzision verglichen werden.

Die erste terrestrische Methode zur Messung der Lichtgeschwindigkeit war die von Fizeau (1849), die zur Modulation des Lichtstrahls ein rotierendes Zahnrad benutzte. Die Lichtimpulse, die durch die Öffnungen des Rades gingen, wurden in einer Entfernung von 8,6 km von einem Spiegel reflektiert und gingen durch das Rad zurück. Bei bestimmten Drehgeschwindigkeiten traf das zurückkehrende Licht auf einen Zahn, bei anderen ging es durch eine Öffnung, denn das Rad hatte sich während der Zeit, die der Lichtimpuls zum Zurücklegen der Strecke vom Rad zum Spiegel und zurück benötigte, um einen entsprechenden Winkel gedreht. Die Genauigkeit des Experimentes hängt von der Fähigkeit des Beobachters ab, die Rotationsgeschwindigkeiten zu bestimmen, bei denen Verfinsterung oder maximale Helligkeit auftritt, wobei letztere leichter festzustellen ist. Die Genauigkeit wird erhöht, wenn eine hohe Rotationsgeschwindigkeit benutzt wird, so daß eine große Zahl von Zähnen während der Zeit am Beobachtungspunkt vorbeigeht, die das Licht für die Reise zum Spiegel und zurück braucht. FIZEAU benutzte ein Rad mit 720 Zähnen und Drehgeschwindigkeiten bis zu 200 U/s, also eine Modulationsfrequenz von der Größenordnung 100 kHz. Das Ergebnis war 315300 km/s. Die Zahnradmethode wurde in der Folgezeit von CORNU (1876), YOUNG und FORBES (1881) sowie PERROTIN (1908) weiterentwickelt. PERROTIN machte zwischen 1900 und 1902 eine Reihe von Messungen und erhielt als Endergebnis den Wert (299901 $\pm$ 84) km/s.

Eine andere Methode zur Zeitbestimmung für den Durchgang eines Lichtimpulses wurde von WHEATSTONE (1834) vorgeschlagen. Ein Lichtstrahl wird von einem rotierenden Spiegel zu einem entfernten festen Spiegel reflektiert, gelangt von dort zurück zu dem Drehspiegel und wird dann in einem Brennpunkt vereinigt. Wenn der Spiegel feststeht, wird das Endbild an einem bestimmten Ort im Gesichtsfeld eines Okulars erscheinen; wenn sich aber der Spiegel mit einer genügend hohen Winkelgeschwindigkeit so dreht, daß er sich bis zur Rückkehr des Lichtes entsprechend weit gedreht hat, wird sich das Endbild von seinem ursprünglichen Ort entfernen. In dieser Form hat das Verfahren keine hohe Präzision, da es die Messung einer Bildverschiebung erfordert, die bei den frühesten Experimenten dieser Art kleiner als ein Millimeter war. Die Technik wurde von ARAGO (1850) und

FOUCAULT (1850) weiterentwickelt, und im Jahre 1862 erhielt FOUCAULT den Wert 298000 km/s für die Lichtgeschwindigkeit; der Fehler betrug etwa 500 km/s. Die von FOUCAULT benutzte Basislänge war nur 20 m. Sie beschränkte natürlich die mögliche Genauigkeit, aber sie erlaubte es ihm, die Lichtgeschwindigkeit in Luft mit denen in verschiedenen Flüssigkeiten zu vergleichen und zu zeigen, daß sie sich umgekehrt wie die Brechungsindizes verhalten (obwohl er damals den Unterschied zwischen Gruppen- und Phasengeschwindigkeit in diesem Zusammenhang nicht erkannte). Die Methode wurde schließlich von NEWCOMB und MICHELSON zu hoher Genauigkeit entwickelt.

ALBERT ABRAHAM MICHELSON wurde 1852 in Polen geboren, emigrierte mit seinen Eltern in die USA und wurde dort zu einem der ausgezeichnetsten Experimentalphysiker der Welt. Berühmt vor allem wegen des Experimentes „Über die relative Bewegung der Erde und den lichttragenden Äther" (MICHELSON und MORLEY, 1887), war er der erste amerikanische Physiker, der den Nobelpreis erhielt. Als Fähnrich in der U.S. Navy und als Lehrer an der Naval Academy in Annapolis, Maryland, wurde MICHELSON mit den Arbeiten von SIMON NEWCOMB bekannt, einem Professor am U.S. Naval Observatory in Washington, D.C., der eine Bestimmung der Lichtgeschwindigkeit mit der FOUCAULTschen Methode durchgeführt hatte. MICHELSON konnte eine Abänderung der optischen Anordnung vorschlagen, durch die die Helligkeit des Endbildes erhöht wurde und die eine längere Basis erlaubte. Seine ersten Messungen, die er 1878/79 mit einer Basislänge von 600 m durchführte, ergaben als Resultat (299910 ± 50) km/s (MICHELSON, 1879). Wenig später schlug NEWCOMB (1880) eine weitere Modifikation der Drehspiegelmethode vor, die die Messung der Bildabweichung vermied. Der Spiegel wurde durch ein rotierendes Prisma in der Form eines präzise hergestellten Polygons mit polierten Flächen ersetzt. Die Drehgeschwindigkeit wurde so eingestellt, daß das zurückkehrende Licht von der folgenden Fläche des Prismas reflektiert wurde; das Bild war dann unverschoben. Diese „Nulleinstellung" kann exakt gemacht werden, und wenn das Prisma hinreichend genau hergestellt wurde (was in der Praxis erreicht werden kann), genügt allein die Kenntnis der Rotationsgeschwindigkeit und der Länge des optischen Lichtweges. Diese Methode wurde im Prinzip von MICHELSON bei allen seinen späteren Messungen und von NEWCOMB 1881/82 benutzt. NEWCOMB, der in Washington arbeitete, erhielt den Wert (299860 ± 30) km/s (NEWCOMB, 1885), und MICHELSON erhielt 1882 an der Case School of Applied Science in Cleveland, Ohio, den Wert (299853 ± 60) km/s.

Einundvierzig Jahre später kehrte MICHELSON zur Messung der Lichtgeschwindigkeit mit den Erfahrungen eines Lebens in der experimentellen Optik zurück. Sein Ziel war anfangs, die benutzte Basislänge zu vergrößern und die gleiche Zeitmeßtechnik zu verwenden, die er 1882 bei seinen Messungen verwendet hatte. Ein achtflächiger Glasspiegel wurde hergestellt, dessen Flächen um 45° gegeneinander geneigt waren (bei einem Fehler kleiner als 0,1″). Die Basislänge war die Strecke zwischen dem Mount Wilson und dem Mount San Antonio in der Nähe von Pasadena, Kalifornien, eine Strecke von 35 km, die vom U.S. Coast and Geodetic Survey mit einer Genauigkeit von $10^{-6}$ vermessen wurde. Die Rotationsgeschwindigkeit des Prismas wurde stroboskopisch mit der Frequenz einer Stimmgabel verglichen, die ihrerseits durch Vergleich mit einem Standard-Invarpendel gemessen wurde. Später wurden ein achtseitiges Stahlprisma, zwölfseitige Spiegel aus Glas und Stahl und ein sechzehnseitiger Glasspiegel verwendet. MICHELSON (1927) veröffentlichte schließlich als Endergebnis den Wert (299796 ± 4) km/s. Er benutzte eine Korrektur von +67 km/s, um die Geschwindigkeit im freien Raum aus der gemessenen Geschwindigkeit in der Atmosphäre zu erhalten, einen Wert, den er aus der Brechzahl der Luft ohne Berücksichtigung der Dispersion ableitete. Die zusätzliche Korrektur beträgt, wie Birge (1941) gezeigt hat, +2 km/s, was im Hinblick auf den von Michelson abgeschätzten Fehler wesentlich ist und sein Ergebnis in (299798 ± 4) km/s abändert. Es stellt sich heraus, daß dieses Resultat die beste Übereinstimmung von allen mit mechanischen Methoden erhaltenen Ergebnissen mit dem heutigen Wert (299792,5 ± 0,3) km/s zeigt. Wenn aber die Tatsache dieser Übereinstimmung nicht bekannt wäre, hätte man keinen besonderen Grund, das Ergebnis als zuverlässiger als die anderen zu betrachten; wie später diskutiert wird, gibt es wegen der Instabilität der Basislänge in der Tat einen wesentlichen Einwand gegen diesen Wert.

Nach seinem Erfolg mit der 35-km-Basislänge versuchte Michelson Messungen zwischen dem Mount Wilson und dem Mount San Jacinto, einer Entfernung von 131 km, aber diese Versuche mußten wegen des Einflusses der atmosphärischen Bedingungen, vor allem wegen des Rauches von Waldbränden, verworfen werden. Dann richtete er sein Augenmerk auf die Elimination der Atmosphäre und der großen Korrektur, die durch sie notwendig ist. Eine kurze Basislänge ist unvermeidlich, wenn das Experiment bei niedrigem Druck durchgeführt werden soll, aber die Messung der Basislänge kann mit großer Genauigkeit erfolgen. Das Ergebnis war die Messung an einem 1 Meile langen, evakuierten Rohr.

## II. Michelson, Pease und Pearson

Diese Arbeit ist nicht nur wegen der imponierenden Ausmaße des Experimentes interessant. Das Endergebnis hatte große Auswirkungen auf den allgemein akzeptierten Wert der Lichtgeschwindigkeit für mehr als zwanzig Jahre, obwohl gezeigt wurde, daß es um etwa 19 km/s falsch war; der wahrscheinliche Fehler wurde verschiedenartig zu ± 4 km/s und ± 11 km/s abgeschätzt. Die Ursache dieses Fehlers, der von irgendeinem systematischen Effekt kam, wurde nicht mit Sicherheit festgestellt.

Die Vorbereitungen für die Messung begannen 1928, als MICHELSON, der an der Universität in Chicago war, von G. E. HALE vom Mount Wilson Observatory eingeladen wurde, nach Kalifornien zurückzukehren. Die Mittel des Observatoriums und des California Institute of Technology wurden zu seiner Verfügung gestellt, und von der Rockefeller Foundation, der Carnegie Corporation und der University of Chicago wurden insgesamt 67500 Dollar gespendet. MICHELSON nahm seinen technischen Assistenten, FREDERICK PEARSON, mit, der einige Jahre mit ihm zusammengearbeitet hatte, vor allem im Zusammenhang mit den Messungen am Mount Wilson und Mount San Antonio. Sein anderer Mitarbeiter, FRANCIS G. PEASE, war ein Astronom und Konstrukteur von optischen Instrumenten am Mount Wilson Observatory, der früher mit MICHELSON gearbeitet hatte: Er war der erste, der MICHELSONS Stellarinterferometer zur Messung des Winkeldurchmessers eines Sterns benutzte, und er beteiligte sich mit MICHELSON an einer Wiederholung des MICHELSON-MORLEY-Experimentes. Ihre Arbeit beginnt mit einer kurzen Erklärung zu der Entscheidung, die Messung in einer Form vorzunehmen, die sich in zweierlei Hinsicht von der Bestimmung am Mount Wilson und Mount San Antonio unterschied. Betont wird die größere Genauigkeit bei der Messung der kürzeren Basislänge und die Absicht, die Luft aus dem Lichtweg zu entfernen, was „... ein kleines, scharfes Bild, das von atmosphärischen Störungen unbeeinflußt ist, gibt ...". Keine dieser Hoffnungen wurde realisiert. Obwohl die Ergebnisse der Basislängenmessung durch den U.S. Coast and Geodetic Survey mit 0,1 mm Genauigkeit auf 1,6 km angegeben wurden, zeigten die Resultate eine Gesamtveränderung von 13,1 mm während der Periode vom März 1931 bis zum Februar 1933 und dann eine Änderung in der entgegengesetzten Richtung von 8,5 mm zwischen Februar 1933 und Juli 1933; ein Erdbeben hatte im März 1933 stattgefunden. Obwohl 13,1 mm einer Veränderung von 1 zu 122000 entspricht, ist sie viel zu klein, um den Gesamtfehler von ungefähr 1 zu 15000 zu beeinflussen. Nichtsdestoweniger zeigt sich die unglückliche Wahl des Ortes in einem erdbebenanfälligen Gebiet der Welt, denn ohne Zweifel treten in diesem Gebiet auch weniger deutliche Erdbewegungen auf, über die wenig Informationen existieren. Es wirft auch Zweifel auf MICHELSONS früheren Versuch mit der 35-km-Basislänge, da, wie MILLER gezeigt hat, zwischen der Messung der Basislänge 1922 und den nachfolgenden Bestimmungen der Lichtgeschwindigkeit 1926 in Santa Barbara, 150 km vom Mount Wilson entfernt, ein großes Erdbeben stattfand. MICHELSON nahm an, daß die Basislänge auf $10^{-6}$ genau bekannt war und setzte eine Unsicherheit von 1 zu 75000 in sein Endergebnis ein. Das ist für Messungen zwischen Berggipfeln wahrscheinlich optimistisch angesichts der Beobachtungen der Basislängenänderungen über eine kurze Entfernung in ebenem Gelände in der Nachbarschaft (Santa Ana liegt etwa 60 km südlich der Basislänge Mount Wilson—Mount San Antonio).

Die Benutzung eines evakuierten Rohres reduziert sicher den Effekt des Brechungsindex der Atmosphäre auf einen vernachlässigbaren Faktor (1,2 zu 1000000), gibt aber neue Schwierigkeiten im Zusammenhang damit, ein klares Bild des Spaltes zu erhalten. Das Licht ging für die Mehrzahl der Messungen achtmal durch das Rohr, und die Methode war im wesentlichen die oben beschriebene NEWCOMBsche Modifikation der FOUCAULT-Methode, wobei die Rotationsgeschwindigkeit eines 32flächigen Prismas so gewählt wurde, daß das Bild des Spaltes unverschoben blieb. In praxi wurde die Drehgeschwindigkeit des Spiegels konstant auf einem Wert gehalten, der (in U/s) exakt doppelt so groß wie die Schwingungsfrequenz einer Stimmgabel war. (Für die ersten Experimente der Reihe waren die Spiegelgeschwindigkeit und die

Stimmgabelfrequenz gleich.) Die Rotationsgeschwindigkeit war unter diesen Umständen nicht genau die, die notwendig ist, um das Bild des Spaltes (Abb. 1.1 der Arbeit) in die Lage zu bringen, die es bei ruhendem Spiegel hat; die sich ergebende kleine Verschiebung wurde gemessen. Dadurch, daß der Spiegel nach beiden Seiten rotierte, wurde eine Nullmessung überflüssig. Der Gesamtabstand $d$ zwischen den Bildörtern war nur etwa einige tausendstel Zoll; ein Fehler von 0,001 Zoll in dieser Messung würde einen Fehler von 30 km/s im Endresultat ergeben, so daß klar ist, daß ein scharfes, ungestörtes Endbild von entscheidender Wichtigkeit ist.

Die Schwierigkeiten, die bei der Suche nach einem guten Bild auftraten, lassen sich schlecht beschreiben. Es ist evident, daß die Benutzung eines Rohres weit größere Temperaturgradienten in der verbleibenden Luft hervorruft als die, die in der freien Atmosphäre angetroffen werden, und diese Gradienten störten die Strahlen so stark, daß gute Arbeitsbedingungen eine Ausnahme waren. Die erreichbaren Drücke lagen zwischen 1,5 und 0,5 Torr (Größenordnung 0,001 atm); das Restgas hatte, wenn man es als Luft annahm, eine Brechzahl von etwa 1,0000003, die eine Änderung von $10^{-9}$ für jedes Grad Temperaturänderung erfährt. Die Form und die Größe der Temperaturgradienten, die in dem Rohr vorhanden waren, konnten natürlich nur vermutet werden, sie konnten aber trotz der sehr kleinen Änderungen der Brechzahl leicht zu einer Erklärung für die Strahlbeeinflussung entlang des Lichtweges dienen, die zum Verschwinden des Bildes führte. Die besten Bilder, die dann erreicht wurden, „wenn ein leichter Nebel rings um das Rohr war“, scheinen mit einer gleichförmigen Rohrtemperatur, keinen Temperaturgradienten und folglich keinerlei Turbulenz der Restluft in dem Rohr zusammenzuhängen. Der relativ hohe Grenzdruck der verfügbaren Vakuumpumpen war unvorteilhaft, aber zu jener Zeit gab es keine einfache Technik, um ein großes Rohr auf einen um einige Größenordnungen niedrigeren Druck zu evakuieren. Die bei Hochenergiebeschleunigern wie Protonensynchrotrons verwendeten modernen Diffusionspumpen liefern Drücke unterhalb $10^{-4}$ Torr, die zur Beseitigung der Restgaseinflüsse ausreichend gewesen wären, wenn auch die Abdichtung der Rohrverbindungen hätte verbessert werden können, um Lufteinbrüche zu vermeiden. Die ganze Installation würde, wenn Verbesserungen dieser Art hätten angebracht werden können, sehr viel teurer gewesen sein.

Während des Aufbaus der Apparatur und der ersten Messungen wurde MICHELSON krank; er starb am 9. Mai 1931. Die Mehrzahl der Beobachtungen, die zum Endergebnis beitrugen, wurden von PEASE und PEARSON nach seinem Tode gemacht. Die graphische Darstellung in Abb. 1.8 der Arbeit faßt die Messungen zusammen. Auf den ersten Blick scheint es, als ob die Kurve fast einer GAUSS-Verteilung entspricht, die man erwarten würde, wenn die Meßfehler rein statistischen Charakter hätten. Die Zahl der einzelnen Versuchsreihen, aus denen der Mittelwert der Lichtgeschwindigkeit bestimmt wurde, war 233; jeder von ihnen wurde ein „Gewicht" zugeordnet, das gleich der Anzahl der einzelnen Bestimmungen innerhalb einer Reihe war. Die Gesamtzahl der Einzelmessungen betrug 2 885,5 (die 0,5 kommt von einer unvollständigen Bestimmung). Die Anwendung einer statistischen Analyse auf die Verteilung gab eine mittlere Geschwindigkeit von 299 773,85 km/s mit einem wahrscheinlichen Fehler von 0,17 km/s. Die erwähnte Kurve ist aber in diesem Falle völlig bedeutungslos, und die Anwendung der Analyse ist vollständig ungerechtfertigt. Wie WORTHING und GEFFNER (1944) gezeigt haben, weicht die Verteilung wesentlich von einer Normalverteilung ab; es gibt aber noch mehr Einwände. Eine Prüfung der Reihenfolge von PEASES und PEARSONS Beobachtungen in Tab. VI zeigt, daß die Verteilung der Einzelresultate um den Mittelwert 299 774 (aufgerundet) keinesfalls Wahrscheinlichkeitscharakter hat. Die mittlere Abweichung (das arithmetische Mittel der Abweichungen der Einzelbeobachtungen vom Mittelwert) aller Beobachtungen ist 11 km/s; wenn alle Beobachtungen einen Zufallsfehler hätten, würde man erwarten, daß sie statistisch um den Mittelwert verteilt sind, falls man sie in der Reihenfolge nimmt, in der sie erhalten wurden. Das ist offenbar nicht der Fall, wie die Autoren selbst betont haben. Unter den ersten Ergebnissen gibt es z. B. eine Gruppe, die zwischen dem 25. März und dem 3. April 1931 erhalten wurde und deren Mittelwert vom Endresultat ziemlich verschieden ist: Der Mittelwert ist 299746 km/s und die mittlere Abweichung 12 km/s. Während der späteren Meßreihen gibt es ähnliche Fälle mit einer Variation der Mittelwerte, manchmal mit einer ausgeprägten Periodizität. Irgendein systematischer Effekt verursachte diese Schwankungen, er war aller Wahrscheinlichkeit nach verantwortlich für den Fehler des Endresultats. Mit anderen Worten: Es war stets ein systematischer Fehler vorhanden, dessen Größenordnung variierte. Die Autoren machten einen Versuch, die Variation der Resultate mit den Gezeiten und mit dem Durchmesser des Mondes zu korrelieren, die Beziehung war aber keinesfalls offenkundig.

Als Ursache für die Schwankungen und den Gesamtfehler von 19 km/s wurde die Instabilität des Terrains vermutet. Das entspricht einem Fehler von etwa 10 cm in der Basislänge von 1,6 km; die vier Messungen der Basislänge zeigten eine Gesamtveränderung von 1,31 cm in mehr als zwei Jahren. Es ist möglich, aber sehr unwahrscheinlich, daß zwischen den Messungen der Basislänge Veränderungen stattfanden, die bei den Messungen selbst nicht vorhanden waren, es ist aber notwendig, eine Gesamtveränderung von fast 50 cm in der Basislänge anzunehmen, um die Differenz zwischen den Ergebnissen von (299728 ± 13) km/s vom 31. März 1931 und von (299821 ± 12) km/s vom 9. März 1932 zu verstehen. Eine so große Veränderung der Basislänge ist kaum glaubhaft. Die Ursache des Fehlers muß woanders gesucht werden.

Die lineare Verschiebung des Spaltbildes in der Brennebene des Okulars (Abb. 1.1) war etwa 0,0057 Zoll (Tab. IV), wenn der Spiegel synchron mit der Stimmgabel rotierte; das ist die Gesamtverschiebung, wenn die Richtung der Spiegeldrehung umgekehrt wurde. Ein Fehler von 0,001 Zoll in dieser Größe entspricht einem Fehler im Endresultat von etwa 30 km/s. Die Genauigkeit der Messung ist offenbar besonders empfindlich gegenüber der Lage des Spaltbildes. Wegen der Meßmethode, die Verschiebung mit dem nach beiden Seiten rotierenden Spiegel zu messen, muß man nach einer Erklärung für die unechte Verschiebung suchen, die die Richtung mit der Umkehr der Spiegeldrehung ändert. Das ist sehr leicht getan: BERGSTRAND (1952) zeigte, daß die atmosphärischen Bedingungen in der Umgebung des Drehspiegels durch die Luft aus den Düsen beträchtlich geändert werden, die die unmittelbar unter dem Drehspiegel gelagerte Turbine treiben (Abb. 1.3). (MICHELSONS frühere Arbeit (1927) enthält eine eindrucksvolle Photographie des Typs der benutzten Anordnung.) Eine lokale Änderung der Brechzahl der Luft durch eine Kombination von Temperatur- und Druckgradienten hätte das Licht abgelenkt, wenn es sich unter einem Winkel zu den Flächen konstanter Brechzahl bewegt. Diese Ablenkung wäre unwesentlich, wenn sie gleichermaßen in den auf den Drehspiegel auffallenden Strahlen auftreten würde, bevor und nachdem das Licht den langen optischen Weg in der Röhre zurückgelegt hat; aber die Anordnung war unsymmetrisch, das austretende Licht wurde vom unteren Teil der Spiegelflächen und das zurückkehrende Licht vom oberen Teil reflektiert. Die Turbine befand sich unter dem Spiegel, so daß der Effekt der entweichenden Luft für die beiden Strahlen ziemlich sicher nicht der gleiche war. Die Richtung des Luftstromes und folglich die Richtung jeder Ablenkung der Lichtstrahlen, die auftreten könnte, kehrte sich um, wenn der Drehsinn des Spiegels geändert wurde. Während der ganzen Messungen wurden nur ein Spiegel und eine Turbine benutzt. Die Variation des systematischen Fehlers könnte durch die unterschiedlichen Luftströme erklärt werden, die dazu notwendig sind, um die Turbinengeschwindigkeit gegenüber zeitweiligen leichten Veränderungen in der Reibung der Turbinenlager konstant zu halten, die mit Öl geschmiert wurden. Bei dem Experiment am Mount Wilson und Mount San Antonio wurden sechs verschiedene Spiegel und zwei verschiedene Turbinen benutzt. Dort sind zeitliche Variationen der Ergebnisse (die aber auf die Periode Juni—September 1926 begrenzt waren) wesentlich weniger deutlich, und die symmetrische Orientierung der austretenden und eintretenden Strahlen in diesem Experiment macht es wesentlich weniger wahrscheinlich, daß es einen Fehler gab, der von den Druck- oder Temperaturgradienten in der Luft in der Nachbarschaft des Spiegels herrührt.

Eine ähnliche Fehlerquelle könnte eine Winkelverschiebung des 90°-Prismas I (Abb. 1.1) gewesen sein, die sich mit der Rotationsrichtung der Turbine in Größe und Richtung ändert. Dieser Punkt scheint den Experimentatoren aufgefallen zu sein (S. 65), obwohl keine Details über die Empfindlichkeit der Überprüfung angegeben sind, die durchgeführt wurde. Eine andere Möglichkeit besteht darin, daß die Rotationsgeschwindigkeit des Spiegels während einer Umdrehung nicht gleichmäßig war; es wird angenommen, daß die für eine $^1/_{32}$ Umdrehung notwendige Zeit genau $^1/_{32}$ der gemessenen Periode war. Der Spiegel wurde aber durch die Turbine getrieben, die periodischen Impulsen ausgesetzt war, wenn die Vertiefungen des Turbinenrades an den Luftdüsen vorbeigingen. Da es keine Daten darüber gibt, wie lange die Turbine beim Abschalten der Luftdüsen braucht, um langsam zu werden, ist es nicht möglich, eine Abschätzung dieses Effektes zu machen.

Der Nachweis und die Elimination der systematischen Fehler ist die schwierigste, wenn auch nicht die wichtigste Seite bei Präzisionsmessungen. Die periodischen Schwankungen in dem gemessenen Wert der Lichtgeschwindigkeit waren natürlich für die Experimentatoren von Bedeutung, obwohl sie keinen Hinweis darauf gaben, daß sie Versuche zur Beseitigung der Ursachen unternahmen. Ohne Versuche, die die Ursache des schwankenden Fehlers zeigen könnten, könnte eine völlige Umkonstruktion von Teilen der Apparatur, wie der Turbine, den systematischen Fehler beseitigt und Ergebnisse mit einer Zufallsverteilung der Abweichungen vom Mittelwert geliefert haben, in die ein größeres Vertrauen gesetzt werden könnte. Besonders störend ist die Feststellung: „Die Tatsache, daß diese mittleren Resultate (299775 km/s und 299746 km/s) voneinander und von dem Wert 299796 km/s, der am Mount Wilson erreicht wurde, differieren, erfordert zusätzliche Messungen". Es klingt, als ob die Autoren dabei waren, die Praxis sich zu eigen zu machen, Messungen so lange zu wiederholen, bis die Übereinstimmung mit früheren Arbeiten erreicht ist. Wie sich herausstellte, war dieses Vorgehen fruchtlos, da das mittlere Ergebnis durchweg niedriger als das am Mount Wilson war, und sie begnügten sich mit einer großen Anzahl von Beobachtungen mit der ursprünglich aufgebauten Apparatur.

Die Arbeit gibt einen außergewöhnlich detaillierten Bericht über die meisten experimentellen Einzelheiten, über den Verlauf der Beobachtungen und über die Ergebnisse.

## III. Die Periode von 1935 bis 1946

Der Versuch von MICHELSON, PEASE und PEARSON war der letzte, bei dem eine mechanische Vorrichtung zur Modulation oder Ablenkung eines Lichtstrahles benutzt wurde. Der Wunsch, höhere Frequenzen zu benutzen, um dadurch die Länge des Lichtweges zu reduzieren oder eine größere Genauigkeit über einen langen Weg zu erreichen, führte zur Benutzung von elektrooptischen Geräten zur

Modulation eines Lichtstrahles bei wesentlich höheren Frequenzen, als dies mechanisch möglich wäre. Zwei Typen von Modulatoren wurden benutzt, das elektroakustische Beugungsgitter und die KERR-Zelle. Ersteres besteht aus einem piezoelektrischen Kristall, wie z. B. Quarz, in dem stehende akustische Wellen durch Anlegen eines elektrischen Hochfrequenzfeldes erzeugt werden. Das Licht durchsetzt den Kristall senkrecht zur Ausbreitungsgeschwindigkeit der Schallwellen, und der optische Weg im Kristall verändert sich entsprechend der Änderung des Brechungsindex infolge der Kompressionen und Dilatationen in der Schallwelle. Der Kristall wirkt so wie ein Beugungsgitter, in dem die Phase der Wellenfront in einer regelmäßigen Art variiert. Das Beugungsgitter bildet sich und verschwindet mit der doppelten akustischen Frequenz. Das gebeugte Licht ist also amplitudenmoduliert. Dieser Modulatortyp wurde von zwei Bearbeitern benutzt, MCKINLEY (1950) (die Experimente wurden 1937—1938 durchgeführt) und HOUSTON (1938, 1941, 1950); ihre Ergebnisse für die Lichtgeschwindigkeit sind aber nicht besonders wichtig. MCKINLEY benutzte eine Frequenz von 8 MHz, und HOUSTON verwendete eine von 200 MHz.

Die KERR-Zelle nutzt die Tatsache aus, daß einige Flüssigkeiten, besonders Nitrobenzol, optisch aktiv werden, wenn sie sich in einem elektrischen Feld befinden, wobei die optische Achse mit der Feldrichtung zusammenfällt. Linear polarisiertes Licht, das senkrecht zum Feld hindurchgeht, wird im allgemeinen elliptisch polarisiert. Wenn eine solche Vorrichtung zwischen zwei gekreuzte Polarisatoren gestellt wird, kann sie als Modulator für Lichtstrahlen für Frequenzen bis zu 10 und 100 MHz dienen. Die KERR-Zelle wurde von GUTTON (1912) benutzt, um die Ausbreitungsgeschwindigkeit des Lichtes mit der von Wellen auf einer Übertragungsleitung zu vergleichen, KAROLUS und MITTELSTÄDT (1928, 1929) benutzten sie zur Messung der Lichtgeschwindigkeit. Weitere Bestimmungen der Lichtgeschwindigkeit wurden von HÜTTEL (1940) und ANDERSON (1937, 1941) durchgeführt. HÜTTEL verwendete Modulationsfrequenzen zwischen 5 und 12 MHz und einen Lichtweg von 80 m, ANDERSON einen Weg von 172 m und eine Frequenz von 19 MHz.

Die gemessenen Werte der physikalischen Konstanten wurden seit 1929 von BIRGE von Zeit zu Zeit kritisch gesichtet, und als die Resultate dieser Bestimmungen der Lichtgeschwindigkeit zur Verfügung standen, führte er (BIRGE, 1941) eine ausführliche Analyse durch, die zu dem wahrscheinlichsten Wert der Lichtgeschwindigkeit führte. Dem Resultat von MICHELSON, PEASE und PEARSON ordnete er einen wahrscheinlichen Fehler von $\pm$ 4 km/s zu, obwohl ihre eigene Abschätzung $\pm$ 11 km/s war. ANDERSON veröffentlichte ein Endergebnis von 299776 km/s (gegenüber 299774 km/s von MICHELSON, PEASE und PEARSON), und BIRGE schätzte seinen wahrscheinlichen Fehler als $\pm$ 6 km/s ab. HÜTTELS Resultat war (299768 $\pm$ 10) km/s, BIRGE korrigierte es auf 299771 km/s (indem er den Gruppen- anstelle des Phasenbrechungsindex für Luft benutzte). Das größte Gewicht gab er dem Ergebnis von MICHELSON, PEASE und PEARSON; frühere Messungen wurden kaum betrachtet (abgesehen von denen von ROSA und DORSEY, die später diskutiert werden). Sein Endergebnis für den am meisten akzeptierten Wert für die Lichtgeschwindigkeit war (299776 $\pm$ 4) km/s.

Dieser Wert, von dem wir heute glauben, daß er um 16 km/s falsch ist, stimmte mit seiner Empfehlung von 1934 überein und wurde für etwa zwanzig Jahre konsequent akzeptiert und benutzt. Die Tatsache, daß BIRGES Wert akzeptiert wurde, beruhte auf der Übereinstimmung zwischen den Resultaten von MICHELSON, PEASE und PEARSON sowie von HÜTTEL und von ANDERSON, die mit zwei verschiedenen Techniken und völlig unabhängig voneinander erhalten wurden. Die systematischen Fehler in diesen drei Bestimmungen können durch Zufall zu der Übereinstimmung zwischen den Endresultaten geführt haben. Davon abweichend deuteten BEARDEN und Thomsen (1959) an: „. . . es gab einen unterbewußten psychologischen Faktor, der jeden Experimentator dazu verführte, solange nach Fehlern in seiner Technik zu suchen, bis er den damals akzeptierten Wert bestätigen konnte". Ein solcher Effekt, so unglücklich wie er war, kann wohl zu der Übereinstimmung zwischen den Resultaten eines Experimentes, das in eindrucksvoller Weise auf Initiative eines anerkannten Meisters wie Michelson durchgeführt wurde, und solchen von folgenden Bearbeitern, die neue und ungewohnte Techniken benutzten, geführt haben.

Der zweite Weltkrieg stoppte die Bestimmungen der Lichtgeschwindigkeit, brachte aber neue wichtige Fortschritte in den Methoden der Mikrowellenerzeugung. Bei Kriegsende war die Entwicklung des Radars so weit gediehen, daß Strahlungsquellen vorhanden waren, die sowohl kontinuierlich bei niedrigen Leistungen als auch im Impulsbetrieb bei hohen Leistungen (Klystron bzw. Magnetron) bei Wellenlängen bis hinunter zu 1 cm arbeiteten. Das Radar selbst lieferte den ersten Hinweis auf den fehlerhaften Wert der akzeptierten Lichtgeschwindigkeit, obwohl es so scheint, als ob dieser Hinweis zu jener Zeit ignoriert wurde. Eine Radar-Bordnavigationshilfe, Shoran, beruht auf dem Prinzip, die Zeit zu messen, die ein kurzer Hochfrequenzimpuls für den Weg zu einer Erdstation und zurück braucht; sie wurde von Aslakson (1951) benutzt, um den Abstand zweier Bodenstationen von etwa 160 km zu messen. Dieser Abstand war schon geodätisch bestimmt worden. Aslakson hatte 1947 einen hinreichenden Beweis (Aslakson, 1947), um Birges Wert der Lichtgeschwindigkeit in Frage zu stellen, und seine Arbeit unterstützte die Ergebnisse der Mikrowellen-Hohlraummessungen, die zu dieser Zeit von Essen und Gordon-Smith am National Physical Laboratory durchgeführt wurden. Erst dann wurden die Zweifel an dem Wert von Birge ernst genommen. Kurz danach kam die Bestätigung von den optischen Messungen, die Bergstrand mit einem langen Weg und mit Kerr-Zellen-Modulatoren machte.

## IV. Essen und Gordon-Smith

Das Prinzip der Methode, die von diesen beiden Experimentatoren verwendet wurde, ist im wesentlichen die Messung der Wellenlänge einer Mikrowellenstrahlung, deren Frequenz bekannt ist. Da die Geschwindigkeit der elektromagnetischen Strahlung *im freien Raum* gebraucht wird, muß die Wellenlänge auch die im freien Raum sein. Die direkte Bestimmung der Wellenlänge einer Mikrowellenstrahlung im freien Raum mit einer Genauigkeit von $10^{-6}$ ist schwierig, weil die Wellenlänge nicht nur durch den Brechungsindex des Mediums verändert wird, in dem sich die Wellen ausbreiten, sondern auch durch die Nachbarschaft von Leitern und dielektrischen Grenzflächen. Die zweite Schwierigkeit tritt bei optischen Bestimmungen nicht auf, weil die Wellenlänge klein ist und jede der entscheidenden Dimensionen des Gerätes (z. B. der Durchmesser des Vakuumrohres bei der Messung von Michelson, Pease und Pearson) eindeutig ein sehr großes Vielfaches der Wellenlänge ist und so einen völlig vernachlässigbaren Effekt gibt. Das extreme Beispiel für den Einfluß der Grenzflächen auf die Wellenlänge wird durch die Ausbreitung von Mikrowellen in einem Hohlleiter gegeben, dessen Querdimensionen mit der Wellenlänge vergleichbar sind. Hier hängt die Wellenlänge im freien Raum $\lambda$ mit der Wellenlänge in dem Hohlleiter $\lambda_g$ in einer guten Näherung durch die Beziehung

$$\frac{1}{\lambda^2} = \frac{1}{\lambda_g^2} + \frac{1}{\lambda_{kr}^2}$$

zusammen; dabei ist $\lambda_{kr}$, die kritische Wellenlänge, ein Parameter, der von der Querdimension des Hohlleiters abhängt. Die Wellenlänge im Leiter ist also immer größer als die im freien Raum, sie entspricht einer Phasengeschwindigkeit, die größer als die im freien Raum ist. Wenn die Wellenlänge im freien Raum größer als die kritische Wellenlänge des Leiters ist, wird die Welle stark geschwächt, und eine freie Ausbreitung entlang dem Leiter ist nicht möglich. Die Beziehung zwischen der Phasengeschwindigkeit $v_{ph}$ und der Gruppengeschwindigkeit $v_g$ ist $v_{ph} v_g = c^2$, und der Leiter ist dispersiv. Die obigen Betrachtungen müssen modifiziert werden, wenn der Hohlleiter mit einem Medium (einem Dielektrikum) gefüllt ist, aber dieser Fall ist ungewöhnlich und braucht hier nicht betrachtet zu werden.

Ein Stück des Hohlleiters mit der Länge $L$ ist ein Resonanzhohlraum für die Strahlung mit der Wellenlänge $\lambda$ im freien Raum, wenn $L = n\lambda_g/2$ ist, wobei $n$ eine ganze Zahl ist. Die kritische Wellenlänge $\lambda_{kr}$ ist aus theoretischen Betrachtungen bekannt, so daß $\lambda$ aus dem gemessenen Wert von $L$ und den Querdimensionen des Hohlraums bestimmt werden kann. Wenn die Frequenz $f$ der Strahlung im Resonanzfall bekannt ist, kann die Geschwindigkeit $v_0$ der Strahlung im freien Raum einfach mit Hilfe der Beziehung $v_0 = f\lambda$ gefunden werden. Die Genauigkeit der Messung hängt entscheidend von der Messung der Hohlraumdimensionen und von der Bestimmung der Resonanzfrequenz ab. Letztere hängt ihrerseits vom Gütefaktor $Q$ des Hohlraums ab, da die Breite der Resonanzkurve des Hohlraums unter den Bedingungen konstanter Anregung umgekehrt proportional zu $Q$ ist (eine genaue Beziehung ist auf S. 121 angegeben).

Wenn man ein Experiment dieser Art plant, ist es entweder möglich, eine feste Frequenz zu wählen und die Hohlraumlänge zu ändern, bis Resonanz erreicht ist, oder einen Hohlraum mit festen Dimensionen zu benutzen und die Frequenz bis zum Eintreten der Resonanz zu ändern. Die zweite Methode wurde von Essen und Gordon-Smith gewählt; die Konstruktion des Hohlraums war einfacher und die Messung seiner Dimensionen direkt möglich; Essen (1950) benutzte später die erste Methode und maß die halbe Wellenlänge im Hohlraum, indem er die Hohlraumlänge für sukzessive Resonanzen bei einer festen Frequenz bestimmte; dadurch eliminierte er gewisse durch den Rand bedingte Effekte. In jedem Falle war eine genaue Messung der Oszillatorfrequenz notwendig. Die Frequenz lag im Bereich von 3000 MHz ($\lambda$ war etwa 10 cm), sie wurde mit Hilfe der Frequenz eines Quarzoszillators gemessen, der bei 100 kHz arbeitete. Die Frequenz dieses Oszillators war mit einer Genauigkeit von besser als $10^{-8}$ bekannt, und durch aufeinanderfolgende Stufen einer Frequenzmultiplikation wurde eine Reihe von harmonischen Frequenzen im Gebiet von 3000 MHz erzeugt. Das Ausgangssignal des Oszillators mit einer unbekannten Frequenz wurde mit einer der exakt bekannten Frequenzen überlagert, und die resultierende Differenzfrequenz wurde durch Vergleich mit einem Interpolationsoszillator von bekannter Frequenz bestimmt. Auf diese Weise konnte die Mikrowellenoszillatorfrequenz mit einer Genauigkeit von $\pm 2 \cdot 10^{-6}$ bestimmt werden. Der von ESSEN und GORDON-SMITH benutzte Hohlraum hatte die Form eines Kreiszylinders, und die Anregungsmoden waren $E_{010}$, $E_{011}$, $E_{012}$, $H_{011}$ und $H_{111}$ (eine äquivalente Bezeichnung ist $TM_{010}$, $TM_{011}$, $TM_{012}$, $TE_{011}$ bzw. $TE_{111}$), obwohl nur die ersten beiden bei den endgültigen Messungen benutzt wurden. Die Verteilungen der elektrischen und magnetischen Felder in diesen Moden sind in Abb. 4.1 dargestellt. Die $E_{010}$-Mode ist ein spezieller Fall, der nicht einer Hohlleiter-Transmissionsmode entspricht; in ihr ist das elektrische Feld in axialer Richtung homogen, und die Resonanzfrequenz ist unabhängig von der Hohlraumlänge. Die Hohlraumdimensionen wurden so gewählt, daß die Resonanzfrequenzen der oben angegebenen Moden im Gebiet zwischen 3000 und 5000 MHz lagen, für dieses Gebiet waren Klystrons vorhanden. Der Hohlraum wurde dadurch angeregt, daß eine Sonde in entsprechender Weise an einem Ende in den Hohlraum eingeführt wurde: die E-Moden erfordern eine gerade axiale Sonde und die H-Moden entweder eine Schleife oder einen Draht, der so gebogen ist, daß eine azimutale Komponente des elek-

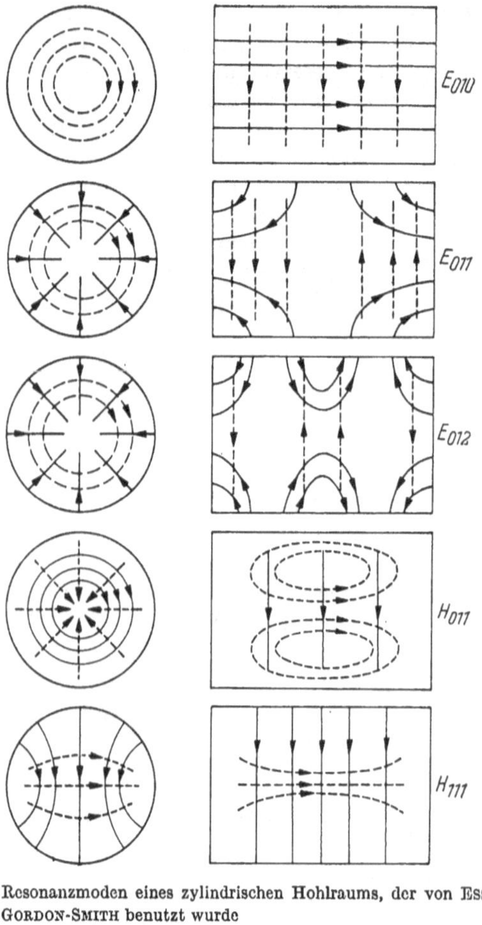


Abb. 4.1. Resonanzmoden eines zylindrischen Hohlraums, der von ESSEN und GORDON-SMITH benutzt wurde
—— elektrisches Feld; - - - magnetisches Feld

trischen Feldes angeregt wird. Die Resonanz wurde durch eine zweite Sonde ähnlich der Anregungssonde nachgewiesen. Die Anwesenheit dieser Sonden stört offensichtlich die Feldverteilung in einem gewissen Grade, und es war sehr wichtig sicherzustellen, daß ihr Einfluß auf die berechnete Resonanzfrequenz vernachlässigbar war.

Ein wesentlicher Punkt bei der exakten Bestimmung der Frequenz, bei der das Maximum der Hohlraumresonanzkurve auftritt, ist die Elimination der Fehler, die von Resonanzen oder frequenzabhängigen Transmissionsfaktoren in den mit dem Hohlraum verbundenen Geräten herrühren. Wenn z. B. die Amplitude der Spannung, die an der Anregungssonde auftritt, wegen gewisser Resonanzen in den Verbindungsdrähten mit wachsender Anregungsfrequenz abnimmt, dann wird die Lage der Resonanzspitze von ihrer wirklichen Position zu niedrigeren Frequenzen verschoben. Dieser Punkt ist im Abschnitt 4 der Arbeit diskutiert. Der Hohlraum selbst wurde evakuiert, um die durch die Dielektrizitätskonstante der Luft bedingten Korrekturen zu vermeiden; es taucht das Problem, zwischen Gruppen- und Phasengeschwindigkeit unterscheiden zu müssen, nicht auf, würde aber der Hohlraum ein Medium erhalten, dann würde die Phasengeschwindigkeit des Mediums gemessen werden.

Wie ESSEN und GORDON-SMITH betont haben, setzen die oben angegebenen Beziehungen voraus, daß die Hohlraumwände ideal leitend sind und daß das unbelastete $Q$ des Hohlraums unendlich ist. (Das „unbelastete $Q$" ist der Gütefaktor eines Hohlraumes, der nicht an irgendeine äußere Last gekoppelt ist, die Energie aus dem Hohlraum absorbieren kann.) Für einen Hohlraum mit endlichem $Q$ ist die Resonanzfrequenz um einen Faktor $[1 + (1/2Q)]^{-1}$ reduziert. Die in der Praxis erreichten $Q$-Werte liegen zwischen $10^4$ und $2 \cdot 10^4$, es ist deshalb klar, daß die Korrektur in einem Experiment sehr wichtig ist, das mit einem Endfehler von der Größenordnung $10^{-5}$ geplant ist. Das $Q$ des Hohlraums wurde gemessen, indem die Frequenzbreite der Resonanzkurve des Hohlraums bestimmt wurde. Das beobachtete $Q$ war in der Tat das belastete $Q$ des Hohlraums, da die Eingangssonden Leistung aus dem Hohlraum entnahmen. Wie die Autoren zeigten, war aber der durch diese Ursache bedingte Teil des Leistungsverlustes bei den benutzten Sondenanordnungen vernachlässigbar, so daß das belastete und das unbelastete $Q$ identisch waren; der einzige entscheidende Verlust kam von den in den Wänden fließenden Leitungsströmen, und die theoretische Korrektur konnte angewendet werden. Die Rechtfertigung für die Benutzung des Korrekturgliedes basierte, als die Arbeit geschrieben wurde, allein auf theoretischen Grundlagen, wie im Abschnitt 2 der Arbeit dargelegt wird. Eine spätere Arbeit von ESSEN (1950), in der ein Hohlraum mit variabler Länge in verschiedenen Moden und bei zwei verschiedenen Frequenzen benutzt wurde, zeigte, daß die Unsicherheit in der Größe des Korrekturgliedes im Endergebnis einen Maximalfehler von etwas mehr als 1 km/s lieferte. ESSENS späteres Ergebnis, das auf dieser gründlicheren Untersuchung über die Anwendbarkeit des Korrekturterms beruhte, war (299792,5 ± 3) km/s gegenüber dem Resultat von ESSEN und GORDON-SMITH von (299792 ± 9) km/s.

In beiden Fällen ist die angegebene Unsicherheit der maximal mögliche Fehler, der durch Addition der numerischen Werte der abgeschätzten Fehler von allen Quellen erhalten wurde. Aus diesem Grunde erscheint die Genauigkeit der Messungen niedriger, als es gerechtfertigt werden kann, wenn sie mit anderen Resultaten verglichen werden. Die Arbeit von ESSEN und GORDON-SMITH war die erste, die im Detail den Fehler im Wert der Lichtgeschwindigkeit von BIRGE zeigte, und die folgenden Messungen bestätigten den von ESSEN und GORDON-SMITH erhaltenen Wert. ESSENS Abschätzung des wahrscheinlichen Fehlers des früheren Resultates ist ± 3 km/s, die seines späteren Ergebnisses ± 1 km/s.

Ein Vergleich der angegebenen Fehlergrenzen der von verschiedenen Bearbeitern erhaltenen Resultate ist immer schwierig, sogar wenn ihre Methoden zur Ableitung der Grenzen im einzelnen angegeben sind. In allen Fällen gibt es die Möglichkeit, daß ein unentdeckter systematischer Fehler vorhanden ist. Oft werden statistische Methoden auf eine kleine Anzahl von Resultaten angewendet, so daß die Größe des abgeleiteten wahrscheinlichen Fehlers selbst eine beträchtliche Unsicherheit hat. Sehr wenige Bearbeiter geben ihre abgeschätzten maximalen Fehler an, und in anderen Fällen ist die Bedeutung der angegebenen Fehler unklar. Der „wahrscheinliche Fehler" sollte bedeuten, daß es gewisse Wahrscheinlichkeiten für den wahren Wert gibt, zwischen den angegebenen Grenzen als auch außerhalb zu liegen, aber in den meisten Fällen, in denen solche Grenzen gegeben sind, hängt ihr Wert mehr von der Meinung des Experimentators als von der strengen Anwendung der statistischen Analyse ab. Die maximal möglichen Fehlergrenzen, außerhalb deren es extrem unwahrscheinlich ist, den wahren Wert zu treffen, haben konsequenterweise eine exaktere Interpretation als die anderen Formen der angegebenen Fehler. ESSENS und GORDON-SMITHS Bestimmung kann, durch ESSENS spätere Arbeit mit einer ähnlichen Methode gestützt, als die erste einer Gruppe betrachtet werden, die mit hoher Genauigkeit durchgeführt wurden und die im wesentlichen übereinstimmen. Die anderen sind die von BERGSTRAND, der sichtbares Licht auf einem relativ langen Weg benutzte, und die von FROOME, der ein Mikrowelleninterferometer in Luft verwendete.

## V. Bergstrand

Der Ausgangspunkt der BERGSTRANDschen Messung der Lichtgeschwindigkeit ist am Anfang seiner Arbeit erklärt. Das Ziel war, ein Gerät für die Entfernungsmessung als eine Alternative zu den konventionellen geodätischen Beobachtungsmethoden zu entwickeln. Das Ergebnis seiner Arbeit war das „Geodimeter", ein tragbares

Instrument, das von der AGA-Gesellschaft (Svenska Aktiebolaget Gasaccumulator) in Stockholm hergestellt wurde. Entfernungen werden mit diesem Gerät mit der gleichen Technik gemessen, die BERGSTRAND zur Bestimmung der Lichtgeschwindigkeit benutzte, aber die Lichtgeschwindigkeit wird dabei als bekannte Größe betrachtet. BERGSTRANDS Messung war dazu vorgesehen, einen Wert für die Lichtgeschwindigkeit festzulegen, der für die Benutzer des Instrumentes geeignet ist. Sein Wert ist durch unabhängige Messungen vollständig bestätigt, er ist mit einer Genauigkeit von $\pm$ 0,25 km/s oder besser als $10^{-6}$ angegeben. In einer Arbeit, die nach der hier abgedruckten veröffentlicht wurde, berichtete BERGSTRAND (1951) über eine Wiederholung seiner früheren Arbeit mit einer unterschiedlichen Basislänge, er gab einen unveränderten Wert für die Lichtgeschwindigkeit, 299793,1 km/s, und einen etwas reduzierten Fehler von $\pm$ 0,2 km/s an.

Das Prinzip der Methode ist im wesentlichen das von HÜTTEL (1940) benutzte. Ein Lichtstrahl wird beim Durchgang durch eine KERR-Zelle sinusförmig amplitudenmoduliert. Das Licht geht dann über einen bekannten Weg und zurück zu einem Detektor, wo die Modulationsphase relativ zu der Modulationsphase des ursprünglichen Lichtes gemessen wird. In dieser einfachen Form kann die Messung aus zwei Gründen keine Ergebnisse mit hoher Genauigkeit geben: die Unsicherheit in der Länge des Lichtweges (man bedenke, daß sie besser als auf $\pm$ 1 cm bekannt sein muß) und die Schwierigkeit, die relative Phase zweier sinusförmiger Signale exakt zu bestimmen (die Phase müßte auf $\pm$ 0,1° bei einer Modulationsfrequenz von etwa 10 MHz bestimmt werden). BERGSTRANDS Apparat eliminierte die erste Unsicherheit durch Benutzung zweier Lichtwege, eines kurzen und eines langen; die Differenz der beiden Wege, die exakt bestimmt werden kann, ist eine wichtige Größe. Die zweite Fehlerquelle wird dadurch reduziert, daß das Instrument zu einem sehr empfindlichen Phasendetektor mit Hilfe einer Nullpunktsmethode gemacht wird; dadurch wird die Notwendigkeit umgangen, gewisse relative Phasen zu messen. Die Längen der zwei Lichtwege sind so eingerichtet, daß das Instrument für beide eine Nullablesung gibt. Die Differenz der Lichtwege ist dann als ein Vielfaches der Modulationswellenlänge des Lichtes bekannt, und die Geschwindigkeit wird aus der bekannten Differenz im Lichtweg und der Modulationsfrequenz, mit einer entsprechenden Korrektur wegen des Einflusses der Luft im Lichtweg, bestimmt.

BERGSTRAND beschreibt die Wirkung des KERR-Zellen-Modulators und des Nulldetektors in den Einzelheiten. Das Prinzip der Methode ist das folgende. Die KERR-Zelle wird gleichzeitig mit einem Potential („Spannung") mit einer Amplitude von 2000 V bei einer Frequenz von etwa 8,33 MHz und einer Rechteckwelle mit einer Amplitude von 5000 V und einer Frequenz von 50 Hz gespeist. Das von der KERR-Zelle durchgelassene Licht variiert mit der Potentialdifferenz in der in Abb. 5.1*a* gezeigten Weise. Wenn die 50-Hz-Spannung positiv ist, wird das Licht so durchgelassen, wie es in Abb. 5.1*b* zu sehen ist. Der Fall mit negativer Spannung ist in Abb. 5.1*c* dargestellt. Es ergibt sich eine Phasenänderung von 180° beim durchgelassenen Licht relativ zur Phase der 8,33-MHz-Spannung, die an die KERR-Zelle angelegt ist. Das zurückkehrende Licht fällt, nachdem es den gewählten Lichtweg zurückgelegt hat, auf einen Photovervielfacher, der mit einem Verstärker verbunden ist. Die Speisespannung des Endkollektors oder der Anode des Photovervielfachers, die normalerweise einen stationären positiven Wert hat, ist in diesem Falle die gleiche Wechselspannung, die an die KERR-Zelle angelegt ist. Der Photovervielfacher ist völlig unempfindlich, wenn die Anodenspannung negativ ist, und er hat eine fast konstante Empfindlichkeit während der positiven Halbperiode, wie in Abb. 5.2*a* dargestellt ist. Wenn das auf den Photovervielfacher fallende Licht die Phase hat, die in Abb. 5.2*b* gezeigt ist (die dem Teil der 50-Hz-

Spannung an der KERR-Zelle entspricht, der in Abb. 5.1 *b* gezeigt ist), ist der mittlere Photovervielfacherstrom groß, weil eine hohe Lichtintensität der empfindlichen

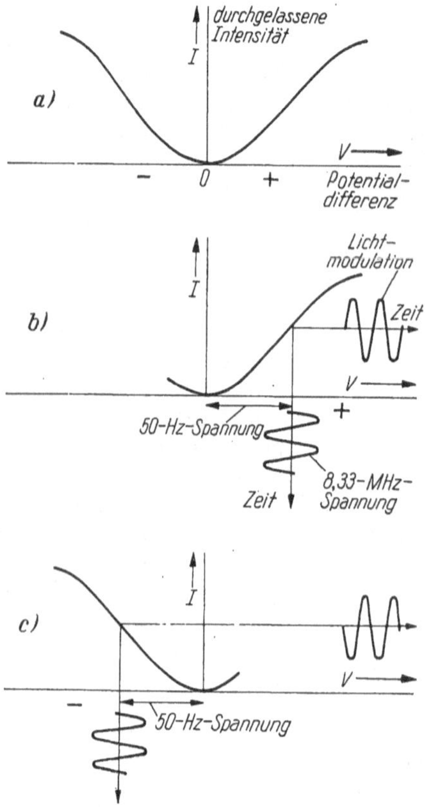


Abb. 5.1. *a*) Das von einer KERR-Zelle zwischen gekreuzten Polarisatoren hindurchgelassene Licht, wenn eine Potentialdifferenz $V$ an die Zelle angelegt wird; *b*) amplitudenmoduliertes Licht, das durch gleichzeitiges Anlegen eines 50-Hz- und eines 8,33-MHz-Wechselpotentials an die KERR-Zelle erzeugt wurde; das 50-Hz-Potential ist positiv; *c*) wie *b*), aber mit einem negativen 50-Hz-Potential; man beachte die 180°-Phasenänderung der 8,33-MHz-Modulation in bezug auf *b*)

Halbperiode des Photovervielfachers entspricht; wenn aber die Phase um 180° geändert ist (Abb. 5.2*c*), die der Abb. 5.1*c* entspricht), entsprechen die Halbperioden mit

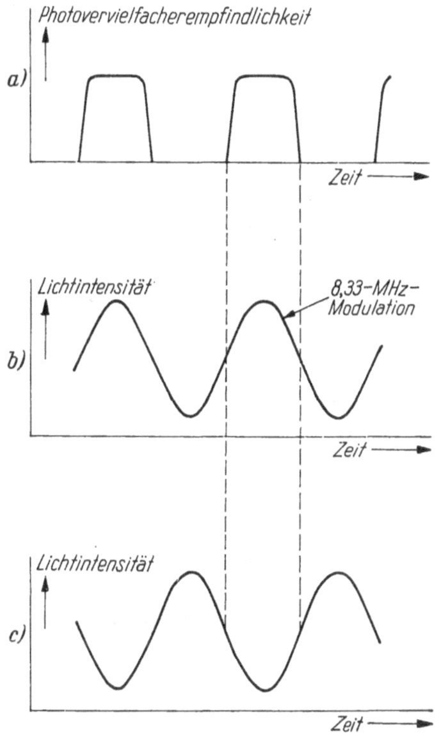


Abb. 5.2. *a*) Änderung der Photovervielfacherempfindlichkeit mit der Zeit; Wiederholungsfolge 8,33 MHz; *b*) amplitudenmoduliertes Licht, das auf einen Photovervielfacher mit einer Phase fällt, die einen maximalen mittleren Photovervielfacherstrom ergibt; *c*) wie *b*), aber mit 180°-Phasendifferenz; minimaler mittlerer Photovervielfacherstrom

niedriger Intensität den empfindlichen Halbperioden des Photovervielfachers, und der mittlere Photovervielfacherstrom ist klein. Wenn die Länge des Lichtweges einen Wert hat, der eine Zwischenphase in der Beziehung zwischen Lichtintensität und Photovervielfacherempfindlichkeit gibt, dann hat der mittlere Photovervielfacherstrom einen gewissen Zwischenwert, wie in Abb. 5.3 gezeigt ist. Da die Phase alle 0,01 s um 180° geändert wird, ändert sich der mittlere Photovervielfacherstrom im allgemeinen von einem Wert *A* zu einem Wert *B*, wobei diese Punkte in Abb. 5.3 durch eine Phasen-

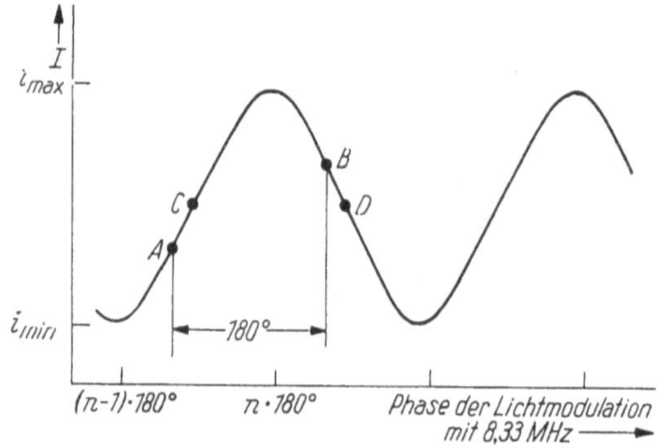


Abb. 5.3. Änderung des mittleren Photovervielfacherstromes mit der Modulationsphase des einfallenden Lichtes; $i_{max}$ und $i_{min}$ entsprechen den Abbildungen 5.2 *b* und 5.2 *c*

differenz von 180° getrennt sind. Der Photovervielfacherstrom hat deshalb im allgemeinen eine Komponente von 50 Hz. Wenn die Phase des rückkehrenden Lichtes so ist, daß die beiden um 180° verschiedenen Punkte *C* und *D* sind, gibt es keine 50-Hz-Komponente im Strom. Die Punkte *C* und *D* können nur Phasendifferenzen von $(n \pm {}^1/_2) \cdot 180°$ entsprechen, wobei *n* eine ganze Zahl ist; sie können sehr exakt mit Hilfe eines empfindlichen Kreises gefunden werden, der eine Nullablesung gibt, wenn der Photovervielfacherstrom keine 50-Hz-Komponente hat. Dieser Kreis wird durch die Röhren *Rö 1* und *Rö 2* von Abb. 3.2 zusammen mit dem Anzeigegerät *I* gebildet.

Die mit der Veränderung des Lichtweges auftretenden aufeinanderfolgenden Nullpunkte sind durch eine Phasendifferenz der Modulationskurve des Lichtes von 180° getrennt. Die Modulationsfrequenz von 8,33 MHz entspricht einer Wellenlänge der Modulationshüllkurve von fast genau 36 m, so daß aufeinanderfolgende Nullpunkte für Positionen des entfernten Spiegels auftreten, die um etwa 9 m getrennt sind. BERGSTRAND hat festgestellt, daß die Empfindlichkeit der Methode so hoch ist, daß eine Bewegung des entfernten Spiegels von 4 mm nachgewiesen werden kann.

Die in den von BERGSTRAND beschriebenen Experimenten benutzte Basislänge war etwa 7 km. Das Instrument war natürlich in einer festen Stellung, und es war nicht zweckmäßig, den entfernten Spiegel so zu verschieben, daß das Anzeigeinstrument in die Nullstellung kam, sondern es wurde die Modulationsfrequenz leicht so lange verändert, bis die Nullstellung erreicht war. Der kürzere Lichtweg war in das Instrument selbst eingebaut und war in der Länge variabel, wie es in Abb. 3.1 gezeigt ist. BERGSTRAND beschreibt, wie die Differenz der beiden Lichtwege mit einer Genauigkeit von einigen mm bei etwa 7 km gemessen wurde. Mit Hilfe dieser Technik wurde der Effekt irgendwelcher Zeitverzögerungen z. B. im Ansprechen des Photovervielfachers eliminiert (vorausgesetzt, daß sie während der Bestimmung konstant waren). Der systematische Fehler, der in den von ANDERSON (1941) erhaltenen Ergebnissen auftrat, kann von diesem Einfluß herkommen.

Fast am Ende des Abschnittes über die allgemeine Beschreibung des Instrumentes weist BERGSTRAND auf einen systematischen Fehler hin, der von der unterschiedlichen Intensität des Lichtes herrührt, das durch verschiedene Teile der KERR-Zelle hindurchgeht; das würde ein unechtes 50-Hz-Signal von einem Lichtweg und nicht von dem anderen geben (weil verschiedene Teile des Lichtstrahles in den zwei Fällen benutzt werden), wenn in beiden Fällen eine Nullstellung angezeigt würde. Der

Fehler wurde dadurch umgangen, daß die Phasen sowohl der Hochfrequenzspeisespannung an der KERR-Zelle (*Sch I* in Abb. 3.2) und der 50-Hz-Spannung am Detektorkreis (*Sch II*) umgekehrt und der Mittelwert der vier Nulleinstellungen (des Lichtweges oder der Oszillatorfrequenz, in Abhängigkeit davon, ob der kurze oder der lange Lichtweg gemessen wurde) für die vier möglichen Kombinationen der Schalterstellungen genommen wurden.

Der Erfolg von BERGSTRANDS Bestimmung liegt in der Empfindlichkeit der Methode und der Elimination der Quellen von systematischen Fehlern. Die Unsicherheit im Endergebnis kommt von einer Reihe von Ursachen, die alle von der gleichen Größenordnung sind: Die Messung der Basislänge liefert den größten; die Nulleinstellungen des nahen und des entfernten Spiegels, die Korrektur der Lufteinflüsse (teilweise durch Unsicherheiten in den atmosphärischen Bedingungen und teilweise durch Unsicherheiten in der effektiven Wellenlänge des Lichtes) und die Frequenz des Oszillators tragen ebenfalls bei. BERGSTRAND faßte diese Unsicherheiten zusammen, indem er die Wurzel aus der Summe ihrer Quadrate bildete. Die einzelnen Geschwindigkeitsmessungen über die Basislänge von 7 km, insgesamt 13 in zwei Gruppen im Frühling und Herbst 1949, zeigen eine Streuung von nur $\pm$ 0,885 km/s.

Ausführliche Resultate für alle diese Messungen sind in den Tabellen angegeben. Die Standardabweichung vom Mittelwert wurde durch ein statistisches Verfahren ermittelt, das auf der Annahme beruht, daß alle Abweichungen vom Mittelwert zufällig und statistisch sind, das entsprechende Gewicht für jede Bestimmung hängt von der Anzahl der einzelnen Beobachtungen ab, die zu dieser Bestimmung beigetragen haben. Einige zusätzliche Messungen wurden über kürzere Entfernungen durchgeführt, und die früheren Messungen wurden nachgeprüft und korrigiert. Das Endergebnis für die Lichtgeschwindigkeit ist die Kombination aller Messungen, aber die über die Basislänge von 7 km sind bei weitem die wichtigsten. Der endgültig angegebene Wert ist (299 793,1 ± 0,25) km/s.

## VI. Modernere Messungen

Das Geodimeter wurde seit 1950 bei verschiedenen Gelegenheiten über unterschiedliche Basislängen benutzt, um die Lichtgeschwindigkeit zu messen. Bergstrand selbst (1951) erhielt einen Wert von (299 793,1 ± 0,2) km/s, indem er seine früheren Messungen mit einer neuen Bestimmung über eine Basislänge von 5,4 km auf der Insel Öland kombinierte. Mackenzie (1954) in Großbritannien erhielt ein Ergebnis von (299 792,3 ± 0,5) km/s, Schöldström (1955) in Schweden erhielt (299 792,4 ± 0,4) km/s und Waller (1956) in Australien 299 792,5 km/s. Die Benutzung des Instrumentes bei unabhängig gemessenen Basislängen, mit einer Vielzahl von atmosphärischen Bedingungen und unter Benutzung von unabhängig geeichten Oszillatoren, reduziert die Möglichkeit beträchtlich, daß ein systematischer Fehler vorhanden ist. Abgesehen davon, daß es eine gemeinsame Quelle für einen systematischen Fehler gibt, die bis jetzt übersehen wurde, können die Ergebnisse der Geodimetermessungen mit Vertrauen akzeptiert werden. Bergstrand (1957) hat alle Geodimetermessungen zusammengestellt und aus ihnen einen Wert für die Lichtgeschwindigkeit von (299 792,85 ± 0,16) km/s abgeleitet. 1957 wurde von der 12. Generalversammlung der International Scientific Radio Union ein Wert von (299 792,5 ± 0,4) km/s empfohlen, dieser Wert wurde von der International Union of Geodesy and Geophysics akzeptiert.

Die Mikrowellenversuche wurden nach der Arbeit von Essen von Froome im National Physical Laboratory fortgeführt, der ein für hohe Genauigkeit bestimmtes Mikrowelleninterferometer entwickelte. In den verschiedenen Formen dieses Instrumentes (FROOME, 1952, 1954, 1958) wurden Mikrowellen mit den Wellenlängen von 1,25 cm oder 4 mm von einem Hornstrahler abgestrahlt, und ihre Wellenlänge wurde mit einer Interferenzmethode gemessen. Das Instrument stand (in Luft) in einem großen Raum. Die Wellenfronten waren nicht eben, bei der Bestimmung der Wellenlänge waren Korrekturen notwendig, die die Gestalt der Wellenfronten und den Brechungsindex der Luft berücksichtigten. FROOMES Endergebnis war (299792,5 ± 0,1) km/s; die angegebene Unsicherheit ist eine Standardabweichung. Dieses Resultat steht also in guter Übereinstimmung mit den Geodimetermessungen und der Mikrowellen-Hohlraumbestimmung von ESSEN. Die Übereinstimmung führt nicht nur zu einem Vertrauen in den Wert der Lichtgeschwindigkeit von 299792,75 km/s, mit einer Unsicherheit von nicht mehr als etwa $10^{-6}$ (oder ± 0,3 km/s), sondern sie zeigt, daß es innerhalb einer Grenze von dieser Größenordnung keine Differenz in der Geschwindigkeit bei einer Frequenz von etwa $10^{11}$ Hz, die von FROOME benutzt wurde, und der Geschwindigkeit bei einer Frequenz im sichtbaren Gebiet von der Größenordnung $10^{14}$ Hz gibt.

Messungen der Geschwindigkeit von elektromagnetischer Strahlung wurden außerhalb des eben erwähnten Frequenzbereiches durchgeführt, aber mit weit geringerer Genauigkeit. CLELAND und JASTRAM (1951), LUCKEY und WEIL (1952) fanden für die Geschwindigkeit der $\gamma$-Strahlung (mit Frequenzen im Bereich von $10^{20} \cdots 10^{22}$ Hz) (298300 ± 1500) km/s bzw. (297400 ± 3000) km/s. Im Radiofrequenzgebiet fand FLORMAN (1955) für die Geschwindigkeit von 172,8-MHz-Wellen (299795,1 ± 3,1) km/s. Die MAXWELLsche Theorie sagt voraus, daß die Geschwindigkeit elektromagnetischer Strahlung unabhängig von der Frequenz ist; bis jetzt gibt es noch keinen experimentellen Hinweis für das Gegenteil.

*Indirekte Methoden*

Es wurde in der Einleitung betont, daß nach der MAXWELLschen Theorie die Lichtgeschwindigkeit identisch mit einer Konstanten ist, die in den Beziehungen zwischen dem elektrostatischen und dem elektromagnetischen Maßsystem auftritt. Wenn man die theoretischen Grundlagen akzeptiert, kann ein Wert für die Lichtgeschwindigkeit in einem Experiment gefunden werden, das die beiden Maßsysteme vergleicht. Die Messung, die für diesen Zweck besonders geeignet ist, ist die Bestimmung der Kapazität eines Kondensators in den beiden Systemen. Im elektrostatischen System kann die Kapazität aus den physikalischen Dimensionen des Kondensators berechnet werden; selbstverständlich erlauben nur einfache geometrische Formen eine genaue Berechnung. Die Kapazität in elektromagnetischen Einheiten kann im Prinzip dadurch gefunden werden, daß eine in den elektromagnetischen Einheiten bekannte Ladung auf den Kondensator gebracht wird und die sich ergebende Potentialdifferenz in elektromagnetischen Einheiten gemessen wird. Eine praktischere Methode ist es, den Kondensator in einen Kreis einzuschalten, der ihn abwechselnd auf- und entlädt, so daß ein mittlerer Strom fließt, der mit Hilfe des Ladepotentials, der Frequenz des Aufladungs-Entladungs-Zyklus und der Kapazität des Kondensators zu berechnen ist.

Ein sehr elegantes Experiment dieser Art wurde von ROSA und DORSEY im National Bureau of Standards durchgeführt, es ist in allen Einzelheiten von den beiden Autoren in einer Arbeit von 171 Seiten beschrieben (ROSA und DORSEY, 1907). Sie benutzten Kondensatoren in der Form von konzentrischen Kugeln, koaxialen Zylindern und ebenen parallelen Platten, die letzten beiden mit Schutzringen. Die Kapazitäten wurden aus den Dimensionen und dadurch ermittelt, daß eine oben beschriebene Kombination von Kondensator und Kommutator in einen Zweig einer WHEATSTONE-Brücke gesetzt wurde. Diese Kombination war äquivalent einem Widerstand, der mit dem Wert des internationalen Ohms (definiert mit Hilfe des Widerstandes einer bestimmten Quecksilbersäule) und des absoluten Ohms (definiert mittels des Amperes, des Joules und der Sekunde, also in elektromagnetischen Einheiten) verglichen wurde. Das Verhältnis dieser zwei Werte für das Ohm mußte extra gefunden werden. Die neueste Auswertung gibt unter Benutzung der Daten von ROSA und DORSEY einen Wert für die Lichtgeschwindigkeit von 299800 km/s (SILSBEE, 1955). BIRGE (1941) schätzt die Unsicherheit des Experimentes von ROSA und DORSEY zu $\pm$ 10 km/s ab. Diese Bestimmung, die sowohl wegen der Einfachheit ihres Konzeptes als auch wegen der Eleganz ihrer Durchführung bemerkenswert ist, steht also in völliger Übereinstimmung mit den Ergebnissen der direkten Messung der Lichtgeschwindigkeit.

Die mit der Rotation und Schwingung von mehratomigen Molekülen zusammenhängenden Energieniveaus können sowohl mit der Infrarot- als auch mit der Hochfrequenzspektroskopie untersucht werden. Die erstgenannte Methode enthält eine Änderung der Schwingungsquantenzahl des Moleküls und im allgemeinen eine Änderung der Rotationsquantenzahl. Hochfrequenzmessungen enthalten eine Änderung der Rotationsquantenzahl allein, und die Übergänge finden im Schwingungsgrundzustand statt. Der wichtige Punkt für die Messung der Lichtgeschwindigkeit ist, daß die spektroskopischen Infrarotmessungen auf Wellenlängenmessungen hinausgehen, während die Hochfrequenzmessungen den Frequenzbegriff benutzen. Wenn man lineare mehratomige Moleküle wie Kohlenmonoxid und Wasserstoffcyanid benutzt, ist es möglich, die gleiche Konstante im Ausdruck für die Übergangsenergie sowohl über die Frequenz als auch über die Wellenlänge zu bestimmen. Daraus kann ein Wert für die Lichtgeschwindigkeit abgeleitet werden. Die Technik wurde seit etwa

1950 entwickelt, und der modernste mit solchen Messungen erhaltene Wert ist (299793,7 ± 0,7) km/s (RANK, GUENTHER, SAKSENA, SHEARER und WIGGINS, 1957). Die Übereinstimmung mit den direkten optischen und Mikrowellenbestimmungen kann als völlig hinreichend betrachtet werden, sie gibt eine zusätzliche, wertvolle Bestätigung für den Wert der Lichtgeschwindigkeit, der zur Zeit akzeptiert wird.

## VII. Zukünftige Messungen der Lichtgeschwindigkeit

Die Lichtgeschwindigkeit ist auf etwa $10^{-6}$ genau bekannt. Ein jeder Versuch, die Genauigkeit der Methoden zu erhöhen, die bis heute benutzt wurden, würde eventuell durch die Genauigkeit des Vergleiches der entsprechenden Längenmessung mit dem Längennormal seine Grenzen finden. Bis 1960 war das Längennormal das internationale Urmeter, ein Stab aus einer Platin-Iridium-Legierung, der in Sèvres aufbewahrt wird. Die Instabilität dieses Normals und die Unsicherheit beim Vergleich mit einem zweiten Normal begrenzen die Genauigkeit der Längenbestimmungen, die auf diesem Normal beruhen, auf etwa $2 \cdot 10^{-7}$. Im Jahre 1960 wurde das Meter umdefiniert auf die Wellenlänge einer orangefarbigen Linie, die von einer Entladung in einer das Kryptonisotop $^{86}$Kr enthaltenden Lampe emittiert wird. Dieses Längennormal ist auf besser als $10^{-8}$ reproduzierbar. Entfernungen werden interferometrisch mit dem Standard verglichen; für diesen Zweck scheint der Gasentladungslaser nützlich zu sein. Das Ausgangssignal eines Lasers hat eine hohe Spektralreinheit, so daß die Interferenz über eine große Lichtwegdifferenz beobachtet werden kann. Die viel breiteren Spektrallinien von einer Entladungslampe begrenzen die Wegdifferenzen auf maximal etwa einen Meter. Obwohl der Laser noch nicht zu einem Wellenlängennormal entwickelt wurde, kann ein Laser, dessen Wellenlänge über den $^{86}$Kr-Standard bekannt ist, in diesem Sinne benutzt werden.

Ein Beispiel für den Gebrauch der modernen Technik ist die Methode, die von Dr. FROOME vom National Physical Laboratory vorgeschlagen wurde; er war für eine der genauesten modernen Messungen der Lichtgeschwindigkeit verantwortlich (FROOME, 1958). Sein Vorschlag ist im Prinzip seiner früheren Messung ähnlich: eine Bestimmung der Wellenlänge von Mikrowellen von genau bekannter Frequenz; für die Wellenlängenmessung wurde eine interferometrische Methode benutzt, die z. B. auf einer Mikrowellenversion des FABRY-PÉROT-Interferometers beruht. Früher benutzte er eine Wellenlänge von 4 mm; er schlägt nun vor, eine Wellenlänge von 0,2 mm von einem harmonischen Generator zu benutzen (FROOME, 1962), der auf einer Grundwellenlänge im 9-mm-Bereich arbeitet. Das Klystron, das diese Wellenlänge erzeugt, hat eine genau bekannte Frequenz. Bei der Messung der Wellenlänge der 0,2-mm-Wellen wurde eine hohe Genauigkeit erzielt, indem eine große Wegdifferenz, über 50 m, im Interferometer benutzt wurde. Die Benutzung der sehr kurzen Mikrowellen gibt nicht nur eine sehr große Anzahl von Wellenlängen auf dieser Distanz, sondern reduziert auch die Beugungseffekte, die in den früheren Messungen eine kleine, aber wichtige theoretische Korrektur zum gemessenen Wert der Wellenlänge notwendig machte. Die Wegdifferenz im Interferometer ist über das $^{86}$Kr-Normal durch die Benutzung von Laserstreifen zu messen.

Ein anderer Vorschlag für die Messung beruht auf der sehr engen Spektralbreite des Laserlichtes. Wenn eine Photokatode gleichzeitig von zwei Lasern bestrahlt wird, die bei etwas verschiedenen Wellenlängen arbeiten, ruft die nichtlineare Amplitudenreaktion der Photokatode im Photostrom eine Komponente mit der Differenzfrequenz der beiden Laser hervor. Es kann auch ein einzelner Laser benutzt werden, der zwei verschiedene Wellenlängen ausstrahlt. Die Differenzfrequenz kann genau gemessen werden, und gleichzeitig kann die Wellenlängendifferenz zwischen den Laserausgangssignalen dadurch ermittelt werden, daß die Streifen beobachtet werden, die durch die Kombination der beiden Signale von etwas unterschiedlicher Wellenlänge entstehen. Bennett und Knutsen (1964) haben vorgeschlagen, die 11522,76-Å- und 11525,02-Å-Linien im Neonspektrum zu benutzen, die gleichzeitig von einem Laser ausgestrahlt werden. Die Frequenzdifferenz zwischen diesen Linien ist etwa 51000 MHz, die von den beiden Linien mit einem entsprechend konstruierten Nachweissystem erzeugt werden kann; die optischen Streifen sind um 2,9 mm getrennt.

Wenn die Lichtgeschwindigkeit mit einer Genauigkeit von besser als $10^{-8}$ bestimmt werden kann, würde jede weitere Zunahme in der Genauigkeit eine neue Definition des Längennormals erfordern, da das gegenwärtige Normal die Bestimmung einer Länge nur auf diese Genauigkeit zuläßt. Als eine Alternative könnte das Verhalten des Lichtes benutzt werden, um das Längennormal zu definieren. Das heißt, das Meter könnte definiert werden als „die Strecke, die von der elektromagnetischen Strahlung im freien Raum in der Zeit $x \cdot 10^{-9}$ s zurückgelegt wird", wobei $x$ eine Zahl in der Nähe von 3,334 ist, die auf neun oder zehn Stellen genau bekannt sein muß. Längenmessungen könnten dann gemacht werden, indem die Zeit für das Zurücklegen der unbekannten Strecke durch Licht oder andere elektromagnetische Strahlung gemessen wird, in etwa derselben Weise, wie das Geodimeter und andere ähnliche Instrumente bei bekanntem Wert der Lichtgeschwindigkeit benutzt werden.

Neue Vorschläge für die Messung der Lichtgeschwindigkeit erscheinen regelmäßig in der Literatur. Der zweite Weltkrieg sah den Beginn einer Periode des wissenschaftlichen Fortschritts von unvergleichbarer Schnelligkeit, und ein Heer von neuen Techniken wurde für den Experimentator entwickelt. Einige von ihnen werden schon benutzt, andere sind noch zu verwenden. Es gibt keinen Anlaß zu glauben, daß der Wert der Lichtgeschwindigkeit für immer eine abgeschlossene Sache sein wird.

*Literatur*


Anderson, W. C. (1937): Rev. sci. Instr. **8** (1937) 239.

Anderson, W. C. (1941): J. opt. Soc. Amer. **31** (1941) 187.

Arago, D. F. J. (1850): Compt. rend. **30** (1850) 489.

Aslakson, C. I. (1949): Nature [London] **164** (1949) 711.

Aslakson, C. I. (1951): Trans. Amer. geophys. Un. **32** (1951) 813.

Bearden, J. A., und J. S. Thomsen (1959): Amer. J. Phys. **27** (1959) 569.

Bennett jr., W. R., und J. W. Knutsen jr. (1964): Proc. IEEE **52** (1964) 861.

Bergstrand, E. (1951): Ark. Fys. **3** (1951) 479.

Bergstrand, E. (1957): Ann. Franç. Chron. **11** (1957) 97.

Birge, R. T. (1941): Reps. Progr. Phys. 8 (1941) 90.

Cleland, M. R., und P. S. Jastram (1951): Phys. Rev. **84** (1951) 271.

Cornu, M. A. (1876): Ann. Observ. Paris **13** (1876) 293.

Essen, L. (1950): Proc. roy. Soc. A **204** (1950) 260.

Fizeau, H. L. (1849): Compt. rend. **29** (1849) 90.

Florman, E. F. (1955): J. Res. nat. Bur. Standards **54** (1955) 335.

Foucault, J. L. (1850): Compt. rend. **30** (1850) 551.

Foucault, J. L. (1862): Compt. rend. **55** (1862) 501 und 792.

Froome, K. D. (1952): Proc. roy. Soc. A **213** (1952) 123.

Froome, K. D. (1954): Proc. roy. Soc. A **223** (1954) 195.

Froome, K. D. (1958): Proc. roy. Soc. A **247** (1958) 109; Nature [London] **181** (1958) 258.

Froome, K. D. (1962): Nature [London] **193** (1962) 1169.

Gutton, C. (1912): J. Physique **2** (1912) 196.

Houstoun, R. A. (1938): Nature [London] **142** (1938) 833.

Houstoun, R. A. (1941): Proc. roy. Soc. [Edinburgh] A **61** (1941) 102.

Houstoun, R. A. (1950): Proc. roy. Soc. [Edinburgh] A **63** (1950) 95.

Hüttel, A. (1940): Ann. Phys. **37** (1940) 365.

Karolus, A., und O. Mittelstaedt (1928): Phys. Z. **29** (1928) 698.

LUCKEY, D., und J. W. WEIL (1952): Phys. Rev. **85** (1952) 1060.
MACKENZIE, I. C. C. (1954): Ordnance Survey Professional Papers Nr. 19, London 1954.
MCKINLEY, D. W. R. (1950): J. roy. astr. Soc. Canada **44** (1950) 89.
MICHELSON, A. A. (1879): Nature [London] **21** (1879) 94, 120 und 226.
MICHELSON, A. A. (1882): Astronomical Papers for the American Ephemeris and Nautical Almanac **2** (1882), Part 4.
MICHELSON, A. A. (1927): Astrophys. J. **65** (1927) 1.
MICHELSON, A. A., und E. W. MORLEY (1887): Amer. J. Sci. **34** (1887) 333.
NEWCOMB, S. (1880): Astronomical Papers for the American Ephemeris and Nautical Almanac **2** (1880), Part 3.
NEWCOMB, S. (1885): Nautical Almanac, Washington 1885, S.112.
PERROTIN, H. (1908): Ann. Observ. Nice (1908) 11.
RANK, D. H., A. H. GUENTHER, G. D. SAKSENA, J. N. SHEARER und T. A. WIGGINS (1957): J. opt. Soc. Amer. **47** (1957) 686.
ROSA, E. B., und N. E. DORSEY (1907): Bull. Bur. Standards **3** (1907) 433.
SCHÖLDSTRÖM, K. O. R. (1955): The Determination of Light Velocity in Öland, Stockholm 1955.
SILSBEE, F. B. (1955): zitiert bei Florman (1955).
WALLER, C. K. (1956): Cartography **1** (1956), No. 3.
WORTHING, A. G., und J. GEFFNER (1944): Treatment of Experimental Data, New York 1944.
YOUNG, J., und G. FORBES (1881): Proc. roy. Soc. **32** (1881) 247.

# Teil 2

# 1. Messung der Lichtgeschwindigkeit in einem unvollständigen Vakuum*)

von

A. A. MICHELSON[1]), F. G. PEASE und F. PEARSON

*Zusammenfassung*

Die Beobachtungen wurden mit Hilfe der Rotationsspiegelmethode gemacht, das Licht geht durch ein Stahlrohr mit einer Länge von 1 Meile, welches auf einen Druck zwischen 0,5 und 5,5 Torr evakuiert wurde. Durch Vielfachreflexionen wurde die Länge des Lichtweges auf 8 oder 10 Meilen ausgedehnt.

Die Entfernung wurde unter Bezugnahme auf eine sorgfältig vermessene Basislinie, die neben dem Rohr verlief, erhalten.

Die Zeit wurde stroboskopisch durch sukzessive Stufen mit Hilfe einer Stimmgabel, die mit dem Drehspiegel synchronisiert ist, eines frei schwingenden Pendels, eines Chronometers und mittels drahtloser Signale von Arlington gemessen.

Es wurden 2885,5 Bestimmungen der Lichtgeschwindigkeit durchgeführt, ihr einfacher Mittelwert ist 299774 km/s mit einer mittleren Abweichung von 11 km/s.

*Einleitung*

Das folgende ist ein Bericht über die Messungen der Lichtgeschwindigkeit, die während der Periode vom September 1929 bis zum März 1933 auf der Irvine Ranch in der Nähe von Santa Ana, Kalifornien, durchgeführt wurden. Das Unternehmen wurde von A. A. MICHELSON, Professor der Physik an der Universität von Chicago und Forschungsmitglied der Carnegie Institution, vorgeschlagen und geplant. Professor MICHELSON

---

*) Contributions from the Mount Wilson Observatory, Carnegie Institution of Washington, Nr. 522. Astrophys. J. 82 (1935).

[1]) Dr. MICHELSON starb am 9. Mai 1931, als 36 der 54 Beobachtungsreihen von 1931 durchgeführt worden waren.

erhielt auch die Geldmittel für das Projekt und sah noch die installierten Geräte, er konnte aber nicht mehr an den Messungen teilnehmen, die von F. G. PEASE vom Mount Wilson Observatory und von F. PEARSON von der Universität von Chicago durchgeführt wurden.

Es wird in Erinnerung gerufen, daß eine Reihe von Messungen der Lichtgeschwindigkeit zwischen dem Mount Wilson und dem Mount San Antonio in den Jahren 1924 bis 1926 durchgeführt wurden, die den Wert 299796 km/s ergaben.[1]) Da die innere Übereinstimmung dieser Messungen gut war, bedarf es einer Erklärung, warum es notwendig war, das Experiment auf der Irvine Ranch zu wiederholen. Die Messungen enthalten zwei verschiedene Elemente: erstens die Zeit und zweitens die Entfernung. Es wurde abgeschätzt, daß mit einer geeichten Stimmgabel und stroboskopischen Methoden die Rotationszeit des Spiegels auf $10^{-6}$ genau gemessen werden kann. Das Zeitelement kann also mit hinreichender Genauigkeit bestimmt werden.

Bei den Experimenten 1924–1926 erforderte die Entfernungsbestimmung die Messung einer langen Basislänge und eine ausgedehnte Triangulation von dieser Basis in die Berge. Da das Observatorium nicht darauf eingerichtet war, diesen Teil der Arbeit auszuführen, willigte der United States Coast and Geodetic Survey freundlicherweise ein, ihn zu übernehmen. Obwohl die glänzende Arbeit des Survey in der Untersuchung[2]) niemals übertroffen wurde, fühlte man, daß eine direkte Messung einer kürzeren Basislänge ohne nachfolgende Triangulation einen noch höheren Grad an Genauigkeit liefern könnte. Weiterhin muß man die Tatsache beachten, daß die Ergebnisse für die Lichtgeschwindigkeit vom Brechungsindex der Luft zwischen den Stationen abhängen, über den wenig bekannt ist, außer, daß der

[1]) Contributions from the Mount Wilson Observatory, Carnegie Institution of Washington, Nr. 329. Astrophys. J. **65** (1927) 1.

[2]) Einen ausführlichen Bericht gibt WILLIAM BOWIE im U.S.C. and G.S. Report of Geodetic Observations 1923.

Gesamteffekt klein ist. Die Benutzung eines Vakuumrohres mit der Länge von 1 Meile würde diesen Faktor eliminieren und hätte den zusätzlichen Vorteil, daß dadurch ein kleines, gut definiertes Bild geliefert wird, das durch atmosphärische Störungen nicht beeinflußt wird. Dadurch, daß der Lichtstrahl das Rohr acht- oder zehnmal durchlaufen kann, ist die Weglänge so bemessen, daß die Geschwindigkeit des Drehspiegels nicht übermäßig groß wird.

Die Geldmittel für die Wiederholung der Untersuchung mit diesen Verbesserungen wurden großzügig der Universität von Chicago und dem Mount Wilson Observatory von der Rockefeller Foundation und der Carnegie Corporation zur Verfügung gestellt. Durch die Gefälligkeit von Mr. James Irvine jr. wurde ein ebener Platz ohne Hindernisse auf der Irvine Ranch in der Nähe von Santa Ana, Kalifornien, als Ort für das Vakuumrohr ausgewählt. Vorläufige Experimente am Ende des Jahres 1929 mit einem Rohr von 1100 Fuß Länge ergaben Resultate, die so vielversprechend waren, daß die Konstruktion des Meilenrohres im Winter 1929–1930 begonnen wurde.

Der United States Coast and Geodetic Survey wurde wieder gerufen, während drei aufeinanderfolgender Jahre die Länge der neuen Basislinie, diesmal die Entfernung zwischen zwei Punkten von etwa einer Meile, zu bestimmen. Das mittlere Resultat, das von Commander Garner und Lieutenant Latham in diesen Messungen erhalten wurde, wurde von dem Coast Survey mit 1594,2658 m angegeben.

Der einfache Mittelwert aller Bestimmungen der Lichtgeschwindigkeit im Vakuum ist 299774 km/s. Da die Werte etwas mit der Zeit variieren, kann dieser Mittelwert leicht von dem abweichen, der erhalten werden würde, wenn die Beobachtungen kontinuierlich über eine ausgedehnte Periode durchgeführt würden. Die Meßreihen 1–13 und 26–54 vom 20. Februar bis zum 14. Juli 1931 ergaben 299775 km/s. Die Reihen 14–25, ermittelt vom 25. März bis zum 3. April 1931, führten zu 299746 km/s. Die Tatsache, daß diese mittleren Ergebnisse voneinander und vom Wert 299796 km/s, der am Mount Wilson bestimmt wurde, abweichen, erforderte zusätzliche Messungen.

Weitere Bestimmungen, durchgeführt zwischen dem 3. März und dem 4. August 1932, ergaben einen Mittelwert von 299775 km/s. Wenn aber die Messungen in zwei Gruppen mit einer gleichen Anzahl von Einzelmessungen der Lichtgeschwindigkeit eingeteilt werden, folgt aus den Reihen 55—110 der Wert 299780 km/s, während die Reihen 111—158 das Ergebnis 299771 km/s liefern.

Die Messungen wurden im Dezember 1932 zusammengefaßt und ergaben einen Mittelwert von 299785 km/s, der am 15. Januar auf den Wert 299765 km/s abfiel und wieder auf den früheren Wert am 28. Februar stieg. Die mittlere Geschwindigkeit für die 75 Reihen war 299775 km/s.

Versuche, diese Variationen in der Geschwindigkeit als ein Resultat von instrumentellen Effekten zu erklären, blieben bisher ohne Erfolg.

### *Beschreibung der Apparatur*

*Die optische Anlage.* Die optische Anordnung der Apparatur ist in Abb. 1.1 schematisch dargestellt. Das Licht von der Bogenlampe $A$ wurde durch die Kondensorlinse $B$ auf den Spalt $C$ abgebildet. Während der ersten 46 Reihen der Beobachtungen 1931 gelangt es über das rechtwinklige Prisma $I$ zur oberen Hälfte des Drehspiegels $D$, von da durch das planparallele Glasfenster $L$ in das Rohr bis zum diagonalen ebenen Spiegel $E$ und zum konkaven Spiegel $S$. Dann geht es über den ebenen Spiegel $H$ hinweg, und bei wiederholten Reflexionen an den ebenen Spiegeln $G$ und $H$, bis die gewünschte Entfernung zurückgelegt ist, wird an der Oberfläche von $G$ oder $H$ ein vergrößertes Bild des Spaltes $C$ gebildet. Der Lichtstrahl gelangt dann unmittelbar unter dem einfallenden Strahl wieder zum Anfang des Rohres zurück und fällt auf die untere Hälfte des Drehspiegels $D$; schließlich gelangt er über das Reflexionsprisma $I$ auf das Fadenkreuz $J$ und wird im Okular $K$ beobachtet.

Für die Reihen 47—54 ging das Licht, nachdem es den Spalt passiert hatte, in das Prisma $I'$ (Abb. 1.1*a*), wurde dann bei fast senkrechtem Einfall auf die untere Hälfte des Drehspiegels reflektiert und gelangte von dort in das Rohr zu einem ebenen Spiegel in einer äquivalenten

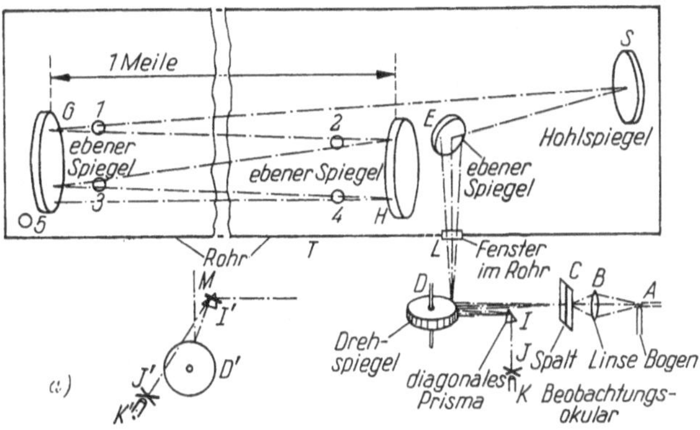


Abb. 1.1. Optisches System (schematisch)

Entfernung von 4 oder 5 Meilen. Dadurch sollte der Effekt einer seitlichen Verschiebung des Drehspiegels eliminiert werden. Der zurückkehrende Strahl fiel auf die obere Hälfte des Drehspiegels und wurde dann von der versilberten Oberfläche $M$ reflektiert, die direkt über dem 90°-Prisma steht. Der Lichtstrahl gelangte schließlich auf das Fadenkreuz $J'$ und in das Okular $K'$. Da herausgefunden wurde, daß der Vorteil dieser Anordnung vernachlässigbar ist, wurde bei den Messungen 1932 und 1933 wieder die ursprüngliche Anordnung des Prismas benutzt (Abb. 1.1). Anfangs wurde versucht, daß paralleles Licht von $S$ zu $G$ und $H$ geht, von da unterhalb $G$ zu einem Konkavspiegel etwa 51 Fuß hinter ihm, der das Licht zu einem kleinen Konkavspiegel hin bündelt, um ein System zu erreichen, welches dem des Experimentes am Mount Wilson und Mount San Antonio ähnlich ist. Dieses Autokollimationssystem wurde in der früheren Arbeit benutzt, weil es keine heikle Justierung erforderte, während der ebene Spiegel ohne die Hilfsspiegel sehr genau ausgerichtet werden muß.

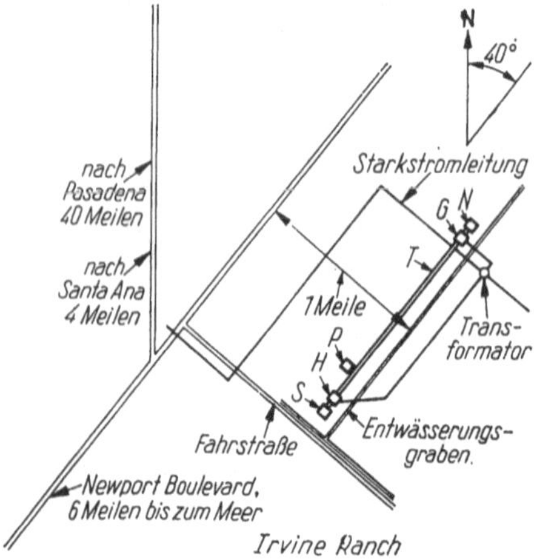


Abb. 1.2. Plan des Experimentes

Die wirklichen Beobachtungen zeigten aber, daß das vom konjugierten Bild zurückkehrende Licht heller war als das, welches vom Autokollimationssystem gegeben wird; die erstgenannte Anordnung wurde deshalb während der Experimente benutzt.

Das Vakuumrohr *T* (Abb. 1.1 und 1.2) hat einen Durchmesser von 3 Fuß und ist etwa 1 Meile lang. Das Rohr ist bei *H* und *G* (Abb. 1.2) durch zwei Stahlbehälter unterbrochen, in denen die ebenen 22-Zoll-Spiegel untergebracht sind, es endet bei *S* und *N* in Behältern, die die Hohlspiegel enthalten.

Alle Operationen wurden vom Beobachtungsraum bei *H* aus geleitet (Abb. 1.2). Hier war die optische Achse etwa 5 Fuß über dem Erdboden, und bei den Experimenten im Jahre 1931 waren der Spalt, die Kondensorlinse, der Drehspiegel, die Luftkontrollgeräte usw. außerhalb des Rohres auf einem Tisch montiert, der in den Fußboden einzementiert war. Bei den Experimenten 1932 bis 1933 waren der Spalt, das Prisma, der Drehspiegel und das Beobachtungsokular auf einer schweren gußeisernen Grundplatte angebracht, die auf einem starren Betonpfeiler befestigt war. Der Pfeiler war zusammen mit der Metallplatte und dem Pendelgehäuse an einem massiven, 3 Fuß dicken Betonsockel befestigt, dessen obere Fläche in einer Ebene mit dem Erdboden war. Die Bogenlampe, die außerhalb des Beobachtungsraumes stand, war mit einem Metallschirm umgeben, der ein Fenster aus rotem Glas zur Beobachtung des Bogens hatte. Ein angeschwärztes Rohr, das sich von der Wand bis zur Kondensorlinse erstreckte, und die Benutzung einer kleinen, etwa 0,5 Zoll im Quadrat großen Apertur am inneren Ende des Rohres beseitigten viel von dem unerwünschten Licht.

Zur Hilfe bei der Ausrichtung der Spiegel wurden kleine 6-V-Lampen bei *1*, *2*, *3*, *4* und *5* eingesetzt (Abb. 1.1). Die Lampen *1* und *3* wurden 100 Fuß vor den 22-Zoll-Spiegel *G* und andererseits in den Mittelpunkten der unteren bzw. oberen Spiegelhälfte angebracht. Die Lampen *2* und *4* wurden in ähnlicher Weise vor den ebenen 22-Zoll-Spiegel *H* gesetzt. Die Lampe *5* wurde demgegenüber im Mittelpunkt des Hohlspiegels *N* aufgestellt. Die Lampen *1* und *3* und *2* und *4* wurden auf Signalarme montiert (elektrische Scheibenwischer), die in die entsprechende Lage geschwenkt werden konnten, wenn sie zum Justieren gebraucht wurden. Die Bogenlampe *A* (Abb. 1.1) war eine halbautomatische Mole-Richardson-Projektionslampe mit Nationaldochtkohle. Sie arbeitete mit 110 V und 40 A. Der Bogen brannte kontinuierlich über lange Zeitperioden, er brauchte nur manchmal von dem Bedienungspersonal nachgestellt zu werden. Der Spalt *C* (Abb. 1.1) war horizontal und vertikal justierbar und wurde als Brennpunkt benutzt. Die Spaltöffnung war vertikal durch zwei verborgene Stäbe begrenzt; die Spaltbreite betrug etwa 0,003 Zoll.

Der bei diesen Experimenten benutzte Drehspiegel *D* (Abb. 1.1) bestand aus gutem optischem Glas, er hatte 32 Flächen. Er war 0,25 Zoll dick und hatte einen Durchmesser von 1,5 Zoll. Außerdem war ein Loch in der Mitte, um die Achsenlage zu definieren. Die Winkel des Spiegels waren auf 1″ genau, seine Oberflächen waren eben auf 0,1 Wellenlängen. Die Arbeitsöffnung in jeder Richtung war $^9/_{64}$ Zoll breit und $^1/_8$ Zoll hoch. Die Montage war eine derjenigen, die bei den Experimenten am Mount Wilson und Mount San Antonio benutzt wurden, mit Druckluft-Turbinenantrieb nach beiden Drehrichtungen. Etwas Öl reichte aus, um die ebenen Wellzapfenlager und das Kugellager unten zu schmieren.

Das planparallele Fenster *L* ist aus 0,75 Zoll dickem Kronglas und hat einen Durchmesser von 6 Zoll. Zuerst war es am Behälterflansch angekittet, später wurde es durch Klammern und durch den Atmosphärendruck gegen eine Gummidichtung gepreßt. Der diagonale ebene Spiegel *E* hat einen Durchmesser von 5 Zoll und ist 0,5 Zoll dick. Mit Hilfe eines Motors kann er langsame Bewegungen um horizontale und vertikale Achsen ausführen. Der Hohlspiegel *F* ist aus Glas mit einem Durchmesser von 40 Zoll und einer Dicke von 3,9 Zoll, die Brennweite ist 49,28 Fuß. Er war mit einem Pappschirm mit einer elliptischen Öffnung von 12 Zoll × 15 Zoll bedeckt. Der Spiegel und seine Halterung waren für das Experiment am Mount Wilson und Mount San Antonio gebaut worden. Die Halterung war aus Gußeisen und in zwei Teile geteilt. Das gerippte Untergestell ruhte auf drei Beinen; das vordere konnte durch einen Motor verstellt werden, dadurch konnte der Spiegel um eine horizontale Achse in einen rechten Winkel zur Rohrachse gedreht werden. Das Untergestell stand auf drei zylindrischen Stahldübeln, die in einen Sockel eingelassen waren, der von dem verschieden war, der den Behälter trägt. Gummimuffen, die den Behälter und die Zylinder verbinden, bilden eine flexible, luftdichte Verbindung; der Spiegel ist damit frei von jeder Bewegung, die der Behälter selbst ausführen könnte. Der obere Teil der Halterung ruhte auf drei Kugeln und unterlag einer langsamen Rotationsbewegung um eine vertikale Achse direkt unter der Spiegeloberfläche. Der Spiegel wurde durch drei gezapfte Randbögen in seiner Zelle gehalten; der oberste hatte einen Federkontakt, um zu hohe Belastungen zu vermeiden. Drei tangentiale Rinnen in der Spiegelkante paßten in die entsprechenden Henkel der Randbögen.

Die ebenen Spiegel *G* und *H* haben einen Durchmesser von $22^3/_8$ Zoll und eine Dicke von 4 bzw. 5 Zoll, sie sind um horizontale und vertikale Achsen justierbar. Die Einzelheiten der Halterungen sind ähnlich denen des schon beschriebenen Hohlspiegels. Es wurde festgestellt, daß sich der Silberüberzug der Spiegel schnell verschlechterte; Dalton von der Optikwerkstatt des Observatoriums gelang es, sie so mit einem dünnen Silberlack zu überziehen, daß ihre optischen Eigenschaften nicht beeinträchtigt wurden. Das 90°-Prisma ist auf seiner Spitzenfläche geschwärzt und auf seiner Diagonalfläche versilbert und geschwärzt, um jede unnötige Beleuchtung des Gesichtsfeldes zu vermeiden. Für die Reihen 1—25 wurde es direkt auf die Drehspiegelunterlage montiert, aber für die restlichen Arbeiten wurde es auf einem Brett an dem Tisch angebracht, um Verschiebungen zu vermeiden, die von irgendwelchen Einflüssen von der Turbine kommen könnten. Spätere Experimente zeigten, daß diese Verschiebungen vernachlässigbar waren. Das Mikrometer war eine einfache Hülse mit einem einzigen vertikalen Fadenkreuz und wurde durch eine Schraube mit 40 Windungen pro Zoll bewegt, deren Kopf in 25 Teile eingeteilt war, jedem Teilstrich entsprachen 0,001 Zoll. Es wurde ein Okular mit 2,5 Zoll Brennweite verwendet. Eine 6-V-Lampe mit Druckknopfschalter beleuchtete den Kopf.

*Vakuumpumpe.* Um das 1100-Fuß-Rohr auszupumpen und für die vorbereitenden Arbeiten mit dem 1-Meilen-Rohr, wurde eine kleine Kinney-Rotationskolben-Vakuumpumpe benutzt. Diese Pumpe lief so gut, daß bei der richtigen Arbeit eine Kinney-Rotationskolbenpumpe mit einer Freiluftkapazität von 350 Kubikfuß verwendet wurde, die mit einem 15-PS-Motor angetrieben wurde. Diese Pumpen ohne innere Dichtung sind mit Öl abgedichtet, in einem geschlossenen System liefern sie ein Vakuum von 0,05 Torr. Die Pumpe wurde mit dem Rohr durch ein 6-Zoll-Stahlrohr verbunden und mit einem automatisch kontrollierten Absperrventil versehen, um

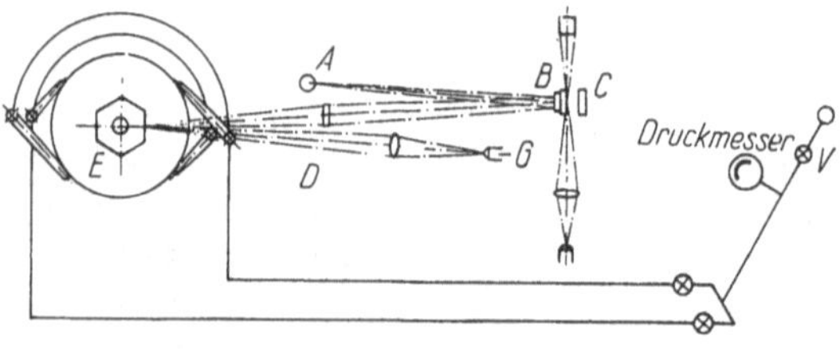


Abb. 1.3. Schema, das die Kontrolle der Spiegelgeschwindigkeit zeigt

zu verhindern, daß Öl in das Rohr kommt, wenn die Pumpe zufällig abgestellt wurde. Ein Durchlaßventil am äußeren Rohrende erlaubte die Luftzufuhr, wenn es notwendig war, das Vakuum aufzufüllen.

*Das Luftdrucksystem.* Um die Turbinen des Drehspiegels anzutreiben, wurde Druckluft mit einem Druck von 100 Pound benutzt, die von einem gewöhnlichen, motorgetriebenen Kompressor geliefert wurde. Die Luft wurde zu einem Tank außerhalb des Arbeitsraumes geleitet, von dort zu dem Ventil am Arbeitstisch.

Das Regelventil *V* (Abb. 1.3) ist ein Ausströmventil, das aus einer Kammer mit einer offenen Spitze besteht, in die eine ebene Platte mit geschliffener Oberfläche eingepaßt ist. Eine V-förmige Hülse an der Spitze der Platte hält eine $^1/_4$-Zoll-Kugel, über die ein durch eine

Feder in Spannung gehaltener Hebel gelegt ist. Die kleinste Aufwärtsbewegung durch das Bedienungspersonal verändert die fast ausbalancierten Drücke und erlaubt ein leichtes Ausströmen der Luft. Nachdem die Luft durch das Ventil und den Regulator gegangen ist, verzweigt sich der Luftstrom und geht zu den Turbinen *R* und *L* im Drehspiegel.

*Das elektrische System.* Der elektrische Strom wurde von einem Wechselstrom-Hochspannungskabel geliefert, das das Rohr etwa 4000 Fuß vom Ende *S* überquerte, wo er auf 110···220 V umgespannt und in eine zum Rohr parallele Leitung eingespeist wurde. Die am Punkt *P* (Abb. 1.2) befindliche Kraftstation enthielt die Vakuumpumpe, den Luftkompressor und die 6-kW-Generatoranlage für den Strom der Bogenlampe. Alle langsamen Bewegungen der Spiegel wurden von dem Beobachter am Mikrometer geregelt. Die am Ende *S* wurden durch eine direkte Schaltung gelenkt. Die Bewegungen am Ende *N* wurden mit einem gewöhnlichen Druckschalter gesteuert, der eigentliche Kontakt wurde durch einen von einem Drehmelder betriebenen Wähler hergestellt.

*Das Rohr.* Das Rohr setzt sich aus Abschnitten mit einer Länge von 60 Fuß zusammen, die aus gewalzten und geriffelten galvanisierten Armco-Stahlblechen mit einer Breite von 26 Zoll hergestellt wurden. Die Längsnähte sind doppelt, die Nähte entlang des Umfangs einfach genietet, alle sind verlötet. Die Einzelabschnitte wurden auf Holzgestelle montiert und durch Beschläge am Boden, bei 45° und an den Seiten miteinander verbunden.

Die Rohrabschnitte, *A—A*, sind um etwa 1 Zoll voneinander getrennt, jede Verbindung ist von der Art, wie sie in Abb. 1.4 dargestellt ist. Über jede dieser Stellen wurde ein gewalztes Blech aus galvanisiertem Eisen von 8 Zoll Breite gelegt, das eine Muffe *B* bildet, deren überstehende Enden an die beiden Enden der Rohre mit locker angezogenen Ofenschrauben angeschraubt waren.

Zwei 11 Zoll breite Segeltücher *C* wurden über die Muffe gezogen; das innere wurde mit einem langen Seil *D*, das die Kerbe ausfüllte, angebunden, das äußere Ende wurde mit einer Schnur befestigt. Ein $32 \times 6$ Zoll großes, rund gegossenes inneres Rohr *G*, das vorher entlang seines inneren Umfangs geschlitzt und über ein Ende eines Rohrabschnittes vom Segeltuch fort gezogen wurde, wurde dann so über das Segeltuch gezogen, daß es sich etwa um 2 Zoll über den Rand erstreckte. Die Ränder der Gummiröhre wurden um einige Zoll zurückgerollt, die Innenseite des Gummis wurde mit Gummikleber bestrichen, ebenso das Stahlrohr. Der Gummi wurde dann eben gerollt, ein oder zwei Zoll mit Kleber bestrichen und

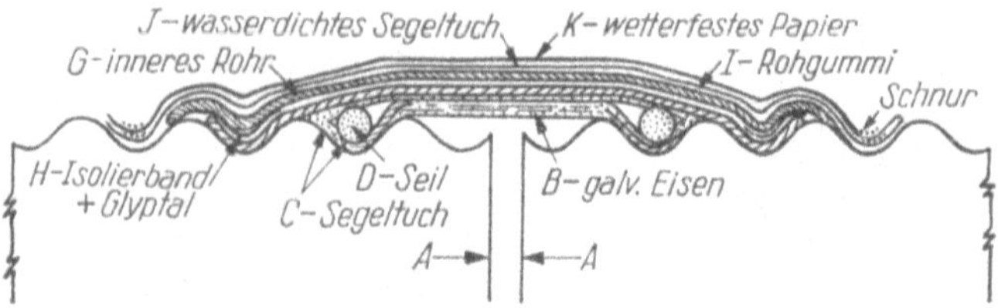


Abb. 1.4. Querschnitt durch eine Rohrverbindung

die Verbindung mit einigen Windungen Isolierband umwickelt und mit Glyptal überzogen. Bei den früheren Versuchen wurde das Gummirohr direkt mit Segeltuch bedeckt, später mit Klebstoff bestrichen und dann mit einer 15 Zoll breiten Platte aus Rohgummi abgedeckt, die in der Hitze klebrig wird und jeden Riß abdichtet, der im inneren Rohr auftritt. Wasserdichtes Segeltuch *J* und eine Schicht aus wetterfestem Papier *K* bilden die äußere Hülle, die mit einer dicken Schnur angebunden wurde. Zum Schluß wurden die Fugen und Verbindungen mit Glyptal bestrichen, um jedes Leck abzudichten, das auftreten könnte.

Vier Einstiegluken geben einen Zutritt zum Rohr; eine befindet sich an jedem Ende zwischen dem ebenen 22-Zoll-Spiegel und dem Hohlspiegel, die beiden anderen im Hauptteil des Rohres.

*Die Behälter.* Die vier Behälter, die die Spiegel und ihre Halterungen enthalten, sind aus $^3/_8$-Zoll dicken Stahlplatten konstruiert, die durch entsprechende angeschweißte Stahlquerschnitte verstärkt sind. Die Behälter bestehen aus einer ebenen Grundplatte und einem oberen beweglichen Teil, das in eine Lücke in der Grundplatte eingepaßt ist und das nur durch einen Streifen Lot, welches als Dichtung dient, und mit einer Hydroabdichtung gesichert ist. Es sind keine Schrauben verwendet worden, um die Teile zu verbinden. Die Grundplatte besteht aus $^5/_{16}$-Zoll dicken Stahlplatten, die mit 8 Zoll starken I-Trägern verstärkt sind und die auf vier kleinen Betonpfeilern ruhen. Die oberen Teile sind bis zur optischen Achse rechteckig im Querschnitt, oberhalb der Achse sind sie halbzylindrisch. Öffnungen in den Enden bilden zusammen mit Flanschen, die einen Durchmesser von 3 Fuß und eine Länge von 1 Fuß haben, die übliche flexible Verbindung mit dem Rohr.

Die Hohlspiegelbehälter *S* und *N* (Abb. 1.2) sind 4 Fuß und 4 Zoll lang, 5 Fuß und $^1/_2$ Zoll hoch und 4 Fuß und 6 Zoll breit (Innenmaße). Die äußeren Enden sind mit Stahltrommelfellen mit einem Durchmesser von 3 Fuß und einer Länge von 9 Zoll ausgestattet, die mit dem Behälter durch eine übliche Umhüllung verbunden und durch einen Stahlrahmen auf zwei getrennten Pfeilern unterstützt sind. Zwei 15 Fuß lange Stäbe mit einem Durchmesser von $^7/_8$ Zoll verbinden diese Oberteile mit Platten, die etwa 4 Fuß in den Erdboden eingelassen sind. Spannwirbel verstellen die Oberteile, wenn der Luftdruck von 7 t aus dem Rohr entfernt wird.

Die Behälter *H* und *G* (Abb. 1.2) mit den ebenen Spiegeln haben folgende Innenmaße: 6 Fuß Länge, 3 Fuß und 8 Zoll Breite und 5 Fuß und 7 Zoll Höhe. Eine Luke von 8 Zoll Durchmesser, die sich an einem Punkt gegenüber der Oberfläche des ebenen 22-Zoll-Spiegels befindet, erlaubt eine Übertragung der Maße vom Spiegelsystem im Innern des Rohres auf die vermessenen Meilensteine außerhalb. Der Behälter *H* hat eine zusätzliche Öffnung, durch die das Licht von und zum Drehspiegel gelangen kann. Eine Muffe mit 4,5 Zoll Innendurchmesser und einem gedrehten äußeren Flansch ist an den Behälter angeschweißt; das äußere Ende ist um 10° geneigt, so daß Vielfachreflexionen am Fenster mit den Arbeitsstrahlen nicht interferieren.

Die Spiegel und ihre Halterungen sind diejenigen, die bei den früheren Geschwindigkeitsexperimenten benutzt wurden, sie wurden nur der neuen Anordnung angepaßt und mit Motormechanismen für die Einstellung versehen; alle konnten durch den Beobachter am Mikrometerokular kontrolliert werden.

### *Die Meßsysteme*

*Die Zeitmessung.* Bei den Lichtgeschwindigkeitsmessungen, die vor dem Experiment am Mount Wilson und Mount San Antonio gemacht wurden, wurden die hinlaufenden und zurückkehrenden Strahlen von der gleichen Fläche des Drehspiegels reflektiert. Das von den zurückkehrenden Strahlen gebildete Bild konnte immer durch eine seitliche Verschiebung des Okulars beobachtet werden. In der Nullmethode, die bei den Experimenten auf dem Mount Wilson und dem Mount San Antonio und auf der Irvine Ranch benutzt wurde, geht das Licht von einer Fläche aus und trifft beim Zurückkehren eine andere, beim Irvine-Experiment die benachbarte. Wenn der Spiegel sich zu drehen beginnt, verschwindet das Bild langsam aus dem Gesichtsfeld und erscheint erst dann auf der anderen Seite des Gesichtsfeldes wieder, wenn der Drehspiegel seine richtige Geschwindigkeit erreicht.

Es waren mehrere Methoden zur Messung der Lichtgeschwindigkeit mit dieser Anordnung möglich, von ihnen wurde die folgende gewählt: Der Drehspiegel wird mit einer Stimmgabel synchronisiert, deren Schwingungsdauer bestimmt worden ist; der Ort des Bildes wird dann mit einem Mikrometer für die Rechts- und Linksdrehungen des Spiegels gemessen. Der Abstand bleibt fest. Das zu messende Zeitintervall ist deshalb das, während dessen sich der Drehspiegel um $^1/_{32}$ plus oder minus einen kleinen Winkel, den man aus den Mikrometerablesungen bestimmen kann, dreht. Die Schwingungsdauer der Stimmgabel ist durch stroboskopische Methoden bestimmt, sie wird mit den Ausschlägen eines frei schwingenden Pendels verglichen. Da sich die Periode der Stimmgabel mit der Temperatur ändert, wurden Vergleiche zwischen der Gabel und dem Pendel vor und nach jeder Messung durchgeführt. Die wahre Schwingungsdauer des Pendels wurde vor und nach jeder Versuchsreihe bestimmt.

*Die Spiegelgeschwindigkeitskontrolle.* Das Licht einer 6-V-Lampe $A$ (Abb. 1.3) wurde, nachdem es auf den kleinen Spiegel $B$ auf der Stimmgabel $C$ gefallen war, durch die kleine achromatische Linse $D$ auf eine polierte Fläche der Mutter $E$ abgebildet, die den Drehspiegel auf seiner Welle befestigt. Da die Stimmgabel senkrecht stand, vibrierte das Bild auf der Mutter auf und ab. Die Brennweite der Linse $D$ wurde so gewählt, daß eine hinreichend große Amplitude für die Bildbewegung gegeben ist. Da die Mutter in einer horizontalen Ebene rotierte, ging das Bild, wenn die Spiegelgeschwindigkeit zunahm, durch eine Reihe von Schwingungs- und stationären Zuständen und erreichte schließlich einen permanenten stationären Zustand, wenn die Schwebungen zwischen der Stimmgabel und dem Drehspiegel verschwanden. Jetzt las ein zweiter Beobachter an dem Mikrometer ab. Eine Umkehr der Bewegungsrichtung des Spiegels beseitigte jede Notwendigkeit für eine Nullmessung.

Der Beobachter am Okular $G$ (Abb. 1.3) regelte die Luftzufuhr zu den Spiegelturbinen mit Hilfe des schon beschriebenen Regelventils $V$. Die Schwingungsdauer der Stimmgabel wurde wie folgt eingestellt: Der Lichtweg wurde zuerst mit einem gewöhnlichen Band gemessen. Der bestbekannte Wert für die Lichtgeschwindigkeit, dividiert durch das Zweiunddreißigfache dieser Entfernung, gab die ganze Zahl von Schwingungen der Stimmgabel pro Sekunde ($N$). Eine Stimmgabel mit einer etwas größeren Schwingungsdauer wurde ausgewählt und so lange abgefeilt, bis sie einen nahe bei der gewünschten Tonhöhe liegenden Ton gab. Die Gabel wurde dann auf

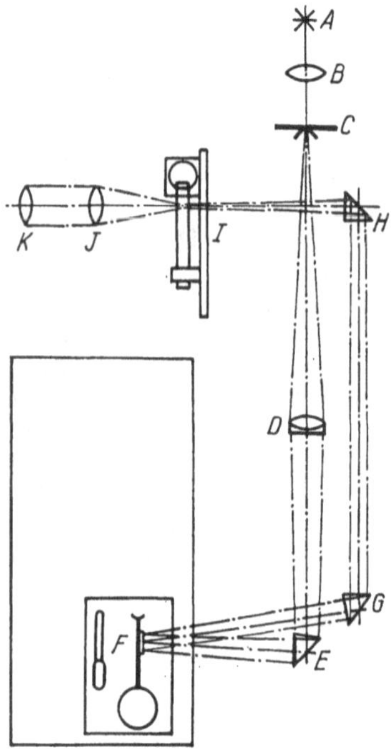


Abb. 1.5. Stroboskopisches System mit Pendel und Stimmgabel

ihr Gehäuse montiert, und es wurden, während sich der Spiegel synchron mit ihr drehte, Mikrometerablesungen für Rechts- und Linksdrehungen gemacht. Dieses Verfahren wurde so lange wiederholt, bis die Tonhöhe der Stimmgabel, die durch die Differenz zwischen den Rechts- und Linksablesungen angezeigt wird, eine Kleinigkeit zu hoch war. Die Endkorrektur wurde so durchgeführt, daß auf jede Zinke ein kleiner Wachsklumpen aufgesetzt wurde.

*Teilfrequenzen der Stimmgabelfrequenz.* Das Licht der Glühlampe $A$ (Abb. 1.5) wurde auf einen schmalen Spalt $C$ fokussiert und in das Pendelgehäuse reflektiert, wo es durch den Spiegel $F$ am Pendel umgekehrt und durch die achromatische Linse $D$ auf eine Kante der Stimmgabel $I$ fokussiert wurde. Wenn die Stimmgabel schwang, beleuchteten die Lichtblitze vom Pendel die Stimmgabel in verschiedenen Positionen und zeigten einem Beobachter am Teleskop $J$ eine Reihe von Sägezahnbildern. Wenn die Frequenz der Stimmgabel ein exaktes Vielfaches der des Pendels ist, scheinen die Bilder im Gesichtsfeld stationär zu sein. Wenn die Frequenzen um ein nichtganzzahliges Vielfaches differieren, scheinen die Zähne über das Gesichtsfeld zu laufen. Die Blitze wurden nur in einer Richtung erkannt; wenn die Bilder sich in der gleichen Richtung wie die Blitze bewegten, ging die Stimmgabel gegenüber dem Pendel nach, und das Vorzeichen der Korrektur wurde negativ genommen. Wenn das Bild gegen die Blitze lief, war das Vorzeichen positiv. Wenn $n$ die Zahl der Blitze bezeichnet, die beim Gang von einem Zahn zum nächsten auftraten, gab die Summe aus der ganzen Zahl $N$ und dem Bruch $\pm 1/n$ die Periode der Stimmgabel, ausgedrückt durch die des freien Pendels.

*Die wahre Periode des freien Pendels.* Die Bestimmung der Periode des freien Pendels mit Hilfe der mittleren Sonnenzeit wurde in zwei Schritten durchgeführt: zuerst ein Vergleich der Pendelausschläge mit der Blitzfolge eines Blitzlichtgerätes, das durch ein Kontaktchronometer jede Sekunde arbeitet; zweitens ein Vergleich der Sekundenmarken des Chronometers mit Signalen (1931 per Hand, 1932—1933 durch ein schreibendes Funkgerät), die die wahre Zeit kennzeichnen und die viermal täglich über die Langwelle von Arlington gesendet wurden. Diese Bestimmung wurde während des Jahres 1931 mehrmals durchgeführt, 1932—1933 vor und nach jedem Experiment; die Temperaturen des Pendelgehäuses und die Zeitintervalle wurden aufgezeichnet. Da die Schwingungsdauer des Pendels leicht mit der Amplitude variiert, wurden Messungen für verschiedene Pendelauslenkungen durchgeführt, für die anderen Auslenkungen wurde interpoliert. Das Pendel war eins von denen, die früher von dem Unites States Coast and Geodetic Survey bei der Bestimmung der Schwerkraft benutzt wurde. Es wurde durch einen Hebel von außen in Bewegung gesetzt, schwang in einer Vakuumkammer und schlug jede halbe Sekunde aus. Seine Schneiden waren aus Achat, sie ruhten auf einer ebenen Achatplatte. Wenn es nicht in Betrieb war, ruhte es auf Hilfsschneiden. Auf dem Pendel waren in der Nähe des Aufhängepunktes und auf dem Brett, das es trug, kleine Metallspiegel montiert. Ein Scheinpendel hing in dem Kasten und trug ein Thermometer. Der Kasten war aus schwerer Bronze, er war mit Einstellschrauben und -hebeln versehen. Fenster erlaubten die Beobachtung des mit einer Gradeinteilung versehenen Bogens und des Thermometers und ließen das Licht zu den Spiegeln. Konsistente Ablesungen mit dem Pendel konnten 1931 nicht erreicht werden; nachdem es aber 1932—1933 in einen Behälter mit konstanter Temperatur eingeschlossen war, war diese Schwierigkeit beseitigt. Während des Experimentes war der Pendelkasten mit dem Hauptvakuumrohr verbunden.

Das Blitzlichtgerät zum Vergleich der Ausschläge von Pendel und Chronometer besteht aus einem rechteckigen Kasten und einem auf einem Ständer angebrachten Laboratoriumsteleskop. Im vorderen Ende des Kastens war eine 6-V-Lampe, ein Spalt und ein Verschluß, der über ein Relais mit dem 6-V-Kontaktkreis der Uhren arbeitete und durch einen Auslösemechanismus kontrolliert wurde, der sehr schnell arbeitete und Blitze von sehr kurzer Dauer gab. Die Bilder des Spaltes, die von den zwei kleinen Spiegeln im Pendelkasten reflektiert wurden, waren im Teleskop zusammen mit einer Glasskala am Brennpunkt zu sehen. Das Blitzlichtgerät wurde normalerweise in einer gegebenen Entfernung vom Pendelkasten aufgestellt, und der feste Pendelspiegel ist so justiert, daß er die beiden Bilder im Okulargesichtsfeld sehr dicht zueinander bringt.

Der Zweck des Blitzlichtgerätes ist es, die Zeiten der Koinzidenz zwischen den Ausschlägen des Pendels und des Chronometers zu bestimmen. Wenn das Pendel beginnt, wird zunächst nur der Blitz von dem festen Spiegel gesehen. Nach einigen Augenblicken wird das zweite Bild zu blitzen beginnen, etwa am unteren Rand des Gesichtsfeldes, dann wird es allmählich zum Mittelpunkt wandern. Wenn die Bilder zusammenfallen, wird die von dem Chronometer angezeigte Zeit aufgeschrieben. Nach etwa der Hälfte der Periode wird das sich bewegende Bild am oberen Rand des Gesichtsfeldes erscheinen, und wenn die untere Koinzidenz auftritt, wird die Zeit notiert. Die Vergleiche werden so lange fortgeführt, bis die Koinzidenzen in dem ganzen, bei dem Experiment durchlaufenen Temperaturbereich erreicht sind.

Da die Schwingungsdauer vom Ausschlag des Pendels abhängt, wurden Messungen für den maximalen Ausschlag und für die Hälfte des Maximums durchgeführt.

Wenn $n$ die Anzahl der Sekunden zwischen den Koinzidenzen ist, dann ist $n/(n \pm 1)$ die Zeit einer Schwingung des Pendels, ausgedrückt in Chronometersekunden; das Pluszeichen wird genommen, wenn der Blitz sich entgegengesetzt zur Pendelrichtung bewegt, und das Minuszeichen, wenn die beiden die gleiche Richtung haben. Mit dem benutzten Apparat war das Pendel schneller als das Chronometer, und die Periode der Koinzidenz war etwa 18 min.

Es wurden zwei Uhren benutzt, ein Schiffschronometer von Bond, das jede Sekunde das Relais betätigt und jede neunundfünfzigste Sekunde ausläßt. Der Gang war für die 24 Stunden nach dem Aufziehen sehr konstant. Die andere war ein Constant Frequency Assembly von General Radio (die nur am Ende des Jahres 1931 benutzt wurde), die durch einen Schwingquarz kontrolliert wurde, dessen Frequenz von 50000 durch zwei Multivibratoren auf

1000 reduziert wurde. Ein damit gespeister einpoliger Motor treibt eine Welle mit 10 U/s an, die ihrerseits ein Sekundenrelais und eine Synchrouhr antreibt. (Der Gang dieser Uhr war deutlich besser als der des Chronometers.) Der Chronograph war ein kleiner von Henson, der mit einem Phonograph-Synchronmotor mit einer Papiergeschwindigkeit von 1 Zoll/s betrieben wurde. 1931 wurden zwei Tintenfedern benutzt, eine arbeitete mit dem Uhrkreis und notierte die Sekunden, die andere war für Handbetrieb vorgesehen. 1932—1933 geschahen die Aufzeichnungen durch selbstschreibende Stifte auf Wachspapier.

*Die Zeit des Lichtdurchgangs.* Es seien $a_1$ und $a_2$ die Rechts- und Linksablesungen des Mikrometers und $r$ der Abstand des Spiegels vom Fadenkreuz. Dann ist der kleine Winkel, um den der Drehspiegel in seiner Lage von der bei einer $^1/_{32}$ Drehung differiert,

$$\frac{a_1 + a_2}{4r} = \frac{\alpha}{4}.$$

Wenn $1/n$ die Periode der optischen Schwebungen zwischen der Stimmgabel und dem Pendel und $1/\gamma$ die der Koinzidenz zwischen dem Pendel und der wahren Sekunde ist und wenn $N$ die nächste ganze Zahl der Stimmgabelschwingungen pro Sekunde ist, dann ist die richtige Zeit, die vergeht, wenn das Licht vom Drehspiegel durch das Rohr und zurück geht,

$$T = \frac{\left(\frac{2\pi}{32} - \frac{\alpha}{4}\right)(1 - \nu)}{2\pi(N + n)}$$

oder, ungeformt,

$$T = \frac{\left(1 - \frac{4\alpha}{\pi}\right)(1 - \nu)}{32\,N\left(1 + \frac{n}{N}\right)}.$$

Wenn man

$$\frac{4\alpha}{\pi} = a, \quad \frac{n}{N} = b, \quad \nu = c$$

setzt, ergibt sich

$$T = \frac{(1-a)(1-c)}{32\,N\,(1+b)}.$$

*Die Messung der Entfernung.* Nach einer Konferenz mit Commander C. L. GARNER, dem stellvertretenden Leiter der Geodäsie-Abteilung des United States Coast and Geodetic Survey, wurde entschieden, die Basislinie etwa 10 Fuß westlich des Rohres festzulegen und sechs Pfeiler entlang dieser Linie anzubringen.

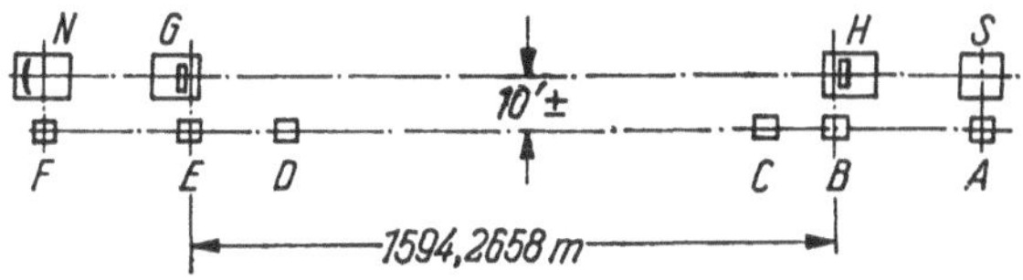


Abb. 1.6. Plan der Basislinie

Die Pfeiler $E$ und $B$ (Abb. 1.6) stehen den ebenen Spiegeln in den Behältern $G$ und $H$ gegenüber, $A$ und $F$ gegenüber den Hohlspiegeln in den Behältern $S$ und $N$. Die Pfeiler $C$ und $D$ waren als Hilfe bei der Triangulation in das Rohr hinein vorgesehen, sie wurden aber in Wirklichkeit nicht benutzt. Die mittlere Länge dieser Basislinie wurde vom United States Coast and Geodetic Survey mit 1594,2658 m angegeben. Die Übertragung der Basislinie in das Rohr und die Messung der inneren Abstände wurde von uns selbst in folgender Weise vorgenommen: Vor und nach der Messung der Entfernung wurde die Ausrichtung des Apparates optisch sehr sorgfältig mit brennendem Bogen und ruhendem Drehspiegel geprüft, und auf einem kleinen diagonalen ebenen Spiegel im Zentrum des Lichtkegels wurden Kennmarken eingezeichnet. Eine sehr gerade Schneide (Abb. 1.7) (die benutzt wurde, um die Spuren des 50-Fuß-Interferometers auf dem Mount Wilson auszurichten) mit einer Länge von 12 Fuß wurde durch die 8-Zoll-Öffnung gesteckt und auf die Rahmen in horizontaler Lage gelegt. Die gerade Schneide wurde sorgfältig parallel zu der Fläche des ebenen Spiegels justiert, indem bei *a*, *b* und *c* mit einer genauen Lehre gemessen und der Abstand *a*

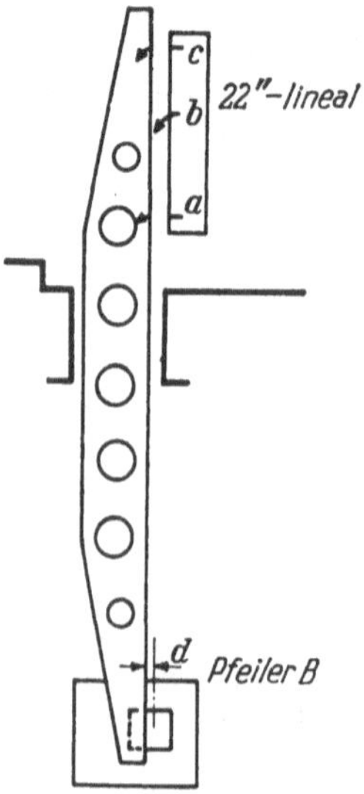


Abb. 1.7. Schema für die Übertragung der Spiegelposition auf die Basislinienpfeiler

aufgeschrieben wurde. Ein Quecksilberlot wurde dann von der Schneide herabgelassen und seine Lage auf der Bronzeplatte im Pfeiler durch eine Marke gekennzeichnet. Das Lot wurde gedreht, um seine neutrale Lage zu bestimmen, die Dicke des Fadens wurde dabei berücksichtigt. Wenn $d$ der Abstand des Lotes von der Marke ist, dann gibt die einfache Summe $d \pm a$ die Lagen des ebenen Südspiegels bezüglich des Pfeilers $B$ und des ebenen Nordspiegels in bezug auf den Pfeiler $E$. Der Abstand zwischen der Spitze des ebenen 22-Zoll-Spiegels $H$ und dem Mittelpunkt des Hohlspiegels $S$ wurde mit einem Stahlband unter einer Spannung von 16,7 englischen Pfunden gemessen, an das eine Stahlskala angeklemmt war, um den Kontakt mit dem Hohlspiegel herzustellen. Die Temperaturen wurden gemessen, und der Mittelwert von drei Messungen wurde als der korrekte Wert betrachtet. Diese schräge Richtung wurde dann korrigiert, damit erhielt man den horizontalen Abstand zwischen den Spiegeln. Der Abstand vom Hohlspiegel $S$ zu dem kleinen diagonalen ebenen Spiegel wurde mit dem gleichen Band unter der gleichen Spannung und mit der gleichen Skala gemessen. Durch Anklemmen eines Stabes an das dem ebenen Spiegel zugekehrte Bandende war es möglich, den Endpunkt bezüglich des markierten Mittelpunktes des ebenen Spiegels zu justieren.

Die Entfernung des kleinen diagonalen ebenen Spiegels vom Drehspiegel wurde durch die Fensteröffnung auf einem Stab markiert und mit dem Band gemessen. Anschließend wurden Korrekturen für die Wellenlänge durch das 19,33 mm dicke Glas durchgeführt, das bei einer Neigung von 10° ($n_d = 1{,}52$) einer Vakuumlänge von 29,39 mm entspricht. Der Luftweg außerhalb des Fensters wurde auf die Vakuumlänge reduziert, indem als Brechungsindex für Luft 1,000295 verwendet wurde.

Tab. I gibt die verschiedenen Ergebnisse für die Länge der Basislinie an, wie sie vom United States Coast and Geodetic Survey gemessen wurde. Die Daten zeigen eine leicht zunehmende Tendenz, wenn man jeweils den Mittelwert eines Jahres nimmt; das kann als eine echte Veränderung in der Erdoberfläche betrachtet werden. Die interpolierten Werte für die Entfernung hätten auch für die Berechnungen der Lichtgeschwindigkeit benutzt werden können, wegen der großen Schwankungen in den Geschwindigkeitsergebnissen wurde aber angenommen, daß der einfache Mittelwert unbeschadet des Resultates genommen werden könnte. Ein Erdbeben, das am 10. März 1933 auftrat, kann den geringeren Wert der Basislänge erklären, der von PEASE im Juli 1933 gemessen wurde. Tab. II gibt die verschiedenen Längen an, die im Lichtweg enthalten sind.

Tab. I. Länge der Basislinie, Pfeiler $B-E$

| Datum | Beobachter | Anzahl der Züge | Entfernung in mm |
|---|---|---|---|
| | U.S. Coast and Geodetic Survey | | |
| 27. Febr. – 2. März 1931 | GARNER | 9 | 1594259,2 |
| 11. Jan. – 14. Jan. 1932 | LATHAM | 8 | 1594265,8 |
| 14. Jan. – 17. Feb. 1933 | LATHAM | 31 | 1594272,3 |
| Mittelwert | | | 1594265,8 |
| | Mount Wilson Observatory | | |
| 17. – 20. Juli 1933 | PEASE | 8 | 1594263,8 |

Tab. II. Länge des Lichtweges in mm

| Weg | 1931 | 1932 | 1932 – 1933 |
|---|---|---|---|
| Vom Drehspiegel zum diagonalen 5-Zoll-Spiegel, auf den Luftweg korrigiert | 1661,3 | 1662,9 | 1661,9 |
| Vom 5-Zoll-Spiegel zum Hohlspiegel $S$ | 13092,7 | 13098,6 | 13102,2 |
| Vom Hohlspiegel $S$ zum ebenen 22-Zoll-Spiegel $H$ | 13714,1 | 13713,5 | 13716,8 |
| $D_1$ = Summe der obigen drei Werte | 28468,1 | 28475,0 | 28480,9 |
| Vom 22-Zoll-Spiegel $H$ zum Pfeiler $B$ | 0,6 | 2,0 | 0,6 |
| Pfeiler $B-E$ (gemittelt) | 1594265,8 | 1594265,8 | 1594265,8 |
| Vom Pfeiler $E$ zum ebenen 22-Zoll-Spiegel $G$ | 14,4 | 14,4 | 16,3 |
| $D_2$ = Summe der obigen drei Werte | 1594280,8 | 1594282,2 | 1594282,7 |
| $D_{10} = 2D_1 + 10D_2$ | 15999744,2 | | |
| $D_8 = 2D_1 + 8D_2$ | 12811182,6 | 12811207,6 | 12811223,4 |

*Berechnung der Geschwindigkeit*

Die Formel für die Berechnung der Lichtgeschwindigkeit aus den beobachteten Daten ist

$$V = \frac{D}{T} = \frac{32\,ND\,(1+b)}{(1-c)\,(1+a)}$$

oder, in einer hinreichenden Näherung, da $b$ und $c$ klein sind,

$$V = 32\,ND\,(1+a+b+c).$$

Die Anwesenheit eines geringen Luftrestes im Rohr bei der Temperatur $T$ erfordert eine kleine Korrektur $e$, deshalb wird die Formel zu

$$V = 32ND\,(1+a+b+c+e) = 32\,NDf.$$

Der Wert von $e$ ist aus der Formel für die Brechzahl der Luft berechnet, die in den Smithsonian Physical Tables angegeben ist:

$$n-1 = \frac{0{,}0002931 \cdot P' \cdot 1333{,}2}{1+0{,}00367t \cdot 1{,}0136 \cdot 10^6};$$

dabei sind $P'$ der Druck in Torr und $t$ die Temperatur in °C. Bei der 10-Meilen-Entfernung wurde eine Stimmgabel von 585 Hz benutzt. Bei der 8-Meilen-Distanz wurde eine Stimmgabel verwendet, für die die ganze Zahl von Schwingungen 365 oder 366 war, $N$ ist so entweder $2 \times 365$ oder $2 \times 366$. Die verschiedenen Werte von $32ND$, die in dem Experiment benutzt wurden, sind in Tab. III angegeben.

Tab. III. Werte von $32ND$

| Geschwindigkeit | Schwingungen pro Sekunde | 1931 | 1932 | 1932–1933 |
|---|---|---|---|---|
| $V_{10}$ | 585 | 299515,2 | | |
| $V_8$ | 365 × 2 | 299269,2 | 299269,8 | 299270,2 |
| $V_8$ | 366 × 2 | 300089,1 | 300089,7 | |

*Beobachtungsmethode*

Mit kontinuierlich laufender Pumpe konnte das Vakuum etwa konstant gehalten werden, der Druck schwankte entsprechend der Größe der auftretenden Lecks zwischen 0,5 und 5,5 Torr. Tagsüber war der Einfluß der Sonne auf die Luft im Rohr so groß, daß die den verschiedenen Abständen entsprechenden Bilder gestört und überblendet wurden, so daß ein Arbeiten während dieser Zeit unmöglich war. Nach dem Sonnenuntergang wurden die Bilder schnell besser, und innerhalb einer halben Stunde waren sie leicht voneinander zu trennen. Die Stimmgabel wurde vorher in Schwingungen versetzt, um ihr die Möglichkeit zu geben, sich aufzuwärmen. Die Prozedur beim Ausrichten der Spiegel war wie folgt: Bei brennender Bogenlampe wurde der vom Drehspiegel ausgehende Strahl mit Hilfe des diagonalen 5-Zoll-Spiegels auf die obere Hälfte des Hohlspiegels *S* zentriert. Die Bogenlampe wurde dann abgeschaltet. Danach wurde die Lampe *1* eingeschaltet und der Hohlspiegel *S* so justiert, daß das Licht in der Mitte des Gesichtsfeldes erschien. Der ebene 22-Zoll-Spiegel *G* wurde anschließend so eingestellt, daß das Bild der Lampe im Spiegel *G* vom Licht selbst überlagert war. Als nächstes wurde die Lampe *2* eingeschaltet, und es wurde eine sorgfältigere Justierung des ebenen 22-Zoll-Spiegels *G* durchgeführt, um die Lampen *1* und *2* zu superponieren. Die Lampe *1* wurde dann gelöscht, und das vom ebenen 22-Zoll-Spiegel *H* reflektierte Bild der Lampe *2* wurde durch Justieren dieses Spiegels mit sich selbst überlagert. Die Lampe *3* wurde als nächste eingeschaltet und der Spiegel *H* erneut sorgfältig eingestellt, um die Lampen *2* und *3* zu überlagern. Wenn das getan war, wurden die Lampen *3*, *4* und *5* überlagert. Außer dem gewünschten Bild erschienen im Gesichtsfeld auch noch andere; aber eine Untersuchung ihrer Lagen und Brennpunkte zeigte bald, welches das gesuchte war.

Diese Methode für die Ausrichtung der Spiegel war kompliziert, wenn die Verwendung des Hohlspiegels $N$ beabsichtigt war. Es zeigte sich jedoch, daß es zweckmäßig ist, die gleiche Methode auch dann zu verwenden, wenn für die Arbeit ohne diesen Hohlspiegel zu justieren war, außer daß eine kleine Änderung in der Neigung des ebenen 22-Zoll-Spiegels $H$ den Strahl leicht aufrichtet, so daß er bei der letzten Reflexion senkrecht auf den einen oder anderen 22-Zoll-Spiegel fällt. Während aller dieser Operationen wurden die Bilder durch den weit geöffneten Spalt beobachtet, der dann enger gemacht und in den beobachteten Brennpunkt des Lichtes gestellt wurde, der der gewünschten Entfernung entsprach, bei der man arbeiten wollte. Da das Feld geteilt war, konnten Bilder auch im Gesichtsfeld des Okulars erscheinen. Eine leichte Justierung des 5-Zoll-Spiegels brachte für die Bilder im Okular und hinter dem Spalt gleiche Intensität. Die Lage des Bildes im Spalt wurde durch die verdeckten Stäbe sorgfältig definiert, und es wurde viel Aufmerksamkeit darauf verwendet, die Bogenlampe auf der so definierten Achse auszurichten. Wenn schließlich die Bogenlampe wieder angezündet wurde, war das zurückkehrende Licht im Okular sichtbar.

Sobald der Drehspiegel in Bewegung versetzt wurde, waren die Bilder, die jeder dieser Reflexionen entsprechen (wegen der Diffusion und der Verbreiterung des Strahles), in dem Feld bei Abständen vom Fadenkreuz zu sehen, die proportional der vom Licht zurückgelegten Strecke sind. Durch Erfahrung war man in der Lage, leichte Justierungen auszuführen, die das Licht in dem Bild konzentrierten, das man verwenden wollte. Die Apparatur war dann für die Messungen fertig. Der Beobachter $A$ machte eine Ablesung für den stroboskopischen Vergleich der Gabel und des Pendels ($n$), dann las er die Temperatur des Pendelkastens ($t$) ab. Der Spiegel wurde dann dadurch auf Geschwindigkeit gebracht, daß die Luftzufuhr so geregelt wurde, daß das stroboskopische Bild stand. Der Beobachter $B$ setzte das Fadenkreuz auf das Bild und schrieb die Daten auf. In den Reihen 1—25 im Jahre 1931 wurden 10 Ablesungen gemacht, ehe die Drehrichtung geändert wurde. Um den Effekt einer kleinen beobachteten Drift zu einem Minimum zu machen, wurden noch weitere Messungen (die Reihen 26—46, 1931) durchgeführt, 5 in der ersten Richtung, 10 in der entgegengesetzten und schließlich noch einmal 5 in der ersten Richtung. Bei den Reihen 47—54 (1931) wurden 5 abwechselnde Sätze von 5 Messungen ausgeführt; das Mittel von 1 und 3 wurde gegen 2 verwendet, 2 und 4 gegen 3, 3 und 5 gegen 4. Die ersten Ablesungen der folgenden Gruppe waren abwechselnd $L$ und $R$. Diese Methode wurde in der ganzen Arbeit benutzt, einige Fälle mit 7 Sätzen ausgenommen. Der Beobachter $A$ wiederholte die Ablesungen für $n$ und $t$ nach jedem der Sätze, und der Mittelwert für den Anfang und das Ende eines jeden Satzes wurde für den ganzen Satz verwendet.

Da der gemessene Gesamtwinkel außerordentlich klein war, wurde der Hebelarm $r$ mit einem gewöhnlichen Lineal gemessen. Die Prismendicke wurde berücksichtigt, abgesehen von den Reihen 47—54 (1931), für die ein Spiegel benutzt wurde. Sogar bei einem Vakuum von 0,5 Torr war genügend Luft im Rohr, um durch die Temperaturbedingungen beeinflußt zu werden. Die besten Bilder wurden erzielt, wenn ein leichter Nebel um das Rohr herum lag; dadurch wurde offenbar die Temperatur des Rohres konstant gehalten. Wenn tagsüber die Sonne schien, verschwanden die Bilder vollständig aus dem Feld und kehrten erst nachts zurück. Ein mit Tau benetztes Rohr gab Bilder mit Koma, wenn der Wind blies. 1931 wurde bemerkt, daß das Intervall, während dessen gearbeitet werden konnte, sich mit heranrückendem Sommer immer mehr verkürzte, weil das Bild immer blasser wurde. Eine ausreichende Erklärung für das Verblassen der Bilder kann in der temperaturbedingten Verformung des ebenen 22-Zoll-Glasspiegels gefunden werden, der das Licht streut. Während der Jahre 1932 und 1933 wurde es zur Regel, prinzipiell während der frühen

Nachtstunden zu arbeiten, da sonst viel wertvolle Zeit mit guten Beobachtungsbedingungen vergeudet worden wäre, um die Apparatur für die folgende Nacht zu präparieren. Einige Beobachtungen wurden aber auch um Mitternacht und um $3^{00}$ Uhr morgens gemacht.

Tab. IV. Mustersatz: Beobachtungen und Reduktionen, 30. Juni 1932

| (1) $L$ | (2) $R$ | (3) $L$ | (4) $R$ | (5) $L$ | (6) |
|---|---|---|---|---|---|
| 13,6 | 19,2 | 14,0 | 18,8 | 13,2 | $N = 365 \times 2$ |
| 13,8 | 19,6 | 14,2 | 18,9 | 14,2 | $B$ $7^{24}$ nachm. |
| 13,7 | 20,0 | 14,0 | 19,2 | 13,5 | $E$ $7^{30}$ |
| 13,4 | 19,9 | 13,1 | 19,5 | 13,6 | $p$ 3,4 mm |
| 13,9 | 20,0 | 13,5 | 19,4 | 14,2 | $n_b$ 2/26 0,07692 |
| | | | | | $n_e$ 3/35 0,08571 |
| | | | | | 0,16263 |
| 68,4 | 98,7 | 68,8 | 95,8 | 68,7 | $n$ + 0,08132 |
| | | | | | $t_b$ 29,7 °C, $t_e$ 29,7 °C, $t$ 29,7 °C |
| 13,68[1]) | 19,74 | 13,76 | 19,16 | 13,74 | $s_b$ 4,1, $s_e$ 4,1, $s$ 4,1 mm |
| 13,76 | 19,16 | 13,74 | | | $r$ 11,80 Zoll |
| | | | | | $d$ − 0,00571 Zoll |
| 13,72 | 19,45 | 13,75 | | | $a$ − 0,0006161 |
| 19,74 | 13,76 | 19,16 | | | $b$ + 0,0002228 |
| | | | | | $c$ + 0,0008314 |
| −6,02 | −5,69 | −5,41 | | | $e$ + 0,0000012 |
| −5,69 | | | | | $f$ 1,0016715 |
| −5,41 | | | | | $V$ 299769,81 km/s |
| −17,12 | | | | | |
| − 5,71 | | | | | |

[1]) Mittelwert der 5 obigen Messungen.

*Typische Beobachtung.* Tab. IV gibt einen typischen Satz von Beobachtungen zusammen mit den Werten für die verschiedenen Faktoren wieder, die aus den Daten berechnet wurden. Die Spalten 1, 3 und 5 geben die Mikrometerablesungen an, die für Linksdrehungen des Drehspiegels gemacht wurden, die Spalten 2 und 4 die

Tab. V. Zwei typische Beobachtungsreihen

| Reihe | Datum, P.S.Z. | $d$ Einzelwert | $d$ Mittelwert | $a$ | $b$ |
|---|---|---|---|---|---|
| (1) | (2) | (3) | (4) | (5) | (6) |
| 98 | 28. Apr. 1932 | | | | |
| | h m | | | | |
| | 20 25 | 421, 417, 392 | −0,00410 | +0,0003934 | +0,0004475 |
| | 20 46 | 340, 377, 391 | 369 | 3541 | 4852 |
| | 21 5 | 450, 445; 446 | 447 | 4289 | 5125 |
| | 21 16 | 357, 382, 400 | 380 | 3646 | 5518 |
| | 21 24 | 318, 313, 301 | −0,00311 | +0,0002984 | +0,0005819 |
| | Mittelwert | | | | |
| 99 | 29. Apr. 1932 | | | | |
| | h m | | | | |
| | 20 31 | 704, 688, 697 | −0,00696 | +0,0006103 | +0,0003086 |
| | 20 40 | 669, 648, 628 | 648 | 5682 | 3255 |
| | 20 50 | 591. 541, 510 | 550 | 4823 | 3479 |
| | 21 5 | 539, 542, 523 | 535 | 4584 | 3923 |
| | 21 18 | 505, 518 | 511 | 4378 | 4012 |
| | 21 31 | 558, 521. 513 | −0,00531 | +0,0004549 | +0,0004065 |
| | Mittelwert | | | | |

für die Rechtsdrehungen, die Einheit ist $^1/_{1000}$ Zoll. Unmittelbar darunter sind ihre Summen und Mittelwerte angegeben. Die Mittelwerte der Differenzen

$$\frac{L_1 + L_3}{2} - R_2, \quad \frac{R_2 + R_4}{2} - L_3, \quad \frac{L_3 + L_5}{2} - R_4,$$

die sich anschließen, geben die Werte von $d$ in der Spalte 6, die zur Berechnung der Größe $\alpha = d/r$ verwendet wurden. Die Spalte 6 gibt auch die Zeit des Beginns und verschiedene andere Daten an: $p$ ist der Druck im Rohr, $n_b$ und $n_e$ sind die beobachteten Werte und $n$ der Mittelwert der Teilfrequenzen der Stimmgabelschwingungen; $t_b$ und $t_e$ sind die beobachteten Temperaturen und $t$ die mittlere Temperatur des Pendelkastens; $s_b$ und $s_e$ sind die beobachteten Pendelauslenkungen und $s$ die

| *c* | *e* | *f* | *V* | *v* | Gewicht |
|---|---|---|---|---|---|
| (7) | (8) | (9) | (10) | (11) | (12) |
| +0,0008327 | +0,0000014 | 1,00016750 | 299771 | −14 | 3 |
| 8340 | 14 | 16747 | 771 | −14 | 3 |
| 8347 | 14 | 17775 | 802 | +17 | 3 |
| 8350 | 14 | 17528 | 794 | + 9 | 3 |
| +0,0008354 | +0,0000014 | 1,00017171 | 299785 | 0 | 3 |
| | | | 299785 | ±11 | 15 |
| +0,0008340 | +0,0000017 | 1,0017546 | 299795 | +16 | 3 |
| 8347 | 17 | 17301 | 788 | + 9 | 3 |
| 8354 | 17 | 16673 | 769 | −10 | 3 |
| 8357 | 17 | 16881 | 775 | − 4 | 3 |
| 8357 | 17 | 16764 | 772 | − 7 | 2 |
| +0,0008363 | +0,0000017 | 1,0016994 | 299778 | − 1 | 3 |
| | | | 299779 | ± 8 | 17 |

mittlere Pendelauslenkung; $r$ ist die gemessene Entfernung vom Drehspiegel zum Fadenkreuz, mit den zugefügten Korrekturen, wenn das Prisma benutzt wurde. Die Werte von $a = 4\alpha/\pi$, $b = n/N = n/365 \times 2$ wurden aus diesen Daten berechnet. Der Wert von $c = \nu$ wurde aus der Tabelle genommen, die die wahre Zeit des Pendelausschlages für die mittlere Temperatur $t$ und den Ausschlag $s$ angibt. Die Restluftkorrektur $e$ ist aus der Tabelle genommen, die die Beziehung zwischen $n$, $p$ und der Rohrtemperatur $t_1$ enthält; $f$ ist die algebraische Summe $1 + a + b + c + e$, mit der $32ND$ zu multiplizieren ist, um die Geschwindigkeit $V$ zu ergeben.

*Beobachtungen*

Tab. V enthält zwei typische Beobachtungsreihen von aufeinanderfolgenden Nächten. Spalte 1 zeigt die Num-

Tab. VI. Beobachtungen

| (1) Reihe | (2) Datum | | (3) P.S.Z. | (4) Mittlere Geschwindigkeit | (5) Reste | (6) M. A. | (7) Gewicht |
|---|---|---|---|---|---|---|---|
| | 1931 | | h m h m | km/s | | ± | |
| 1 | Febr. | 19 | 9 25 – 10 5 | 299 792 | +8, −7 | 7 | 2 |
| 2 | | 20–21 | – 2 0 | 774 | +26, −27, −45, +4, +27, +15 | 24 | 6 |
| 3 | | 23 | 9 0 – 10 20 | 767 | +27, +7, −34 | 23 | 3 |
| 4 | | 24 | 9 50 – 11 10 | 760 | −1, +18, −17 | 12 | 3 |
| 5 | | 26 | 12 30 – 2 40 | 773 | −15, +37, −24, −8, +10 | 19 | 5 |
| 6 | | 26 | 8 20 – 10 0 | 768 | +40, +10, −15, −17, −18 | 20 | 5 |
| 7 | | 26 | 10 1 – 11 10 | 758 | −8, +17, +1, 0, −10 | 7 | 5 |
| 8 | | 26–27 | 11 10 – 2 2 | 766 | −1, −11, −30, +29, +9, +10, −6 | 14 | 7 |
| 9 | | 27 | 8 16 – 9 26 | 796 | +66, +33, +33, −23, −38, −12, −35, −25 | 33 | 8 |
| 10 | | 27 | 9 27 – 11 5 | 772 | +26, −9, +2, −12, −13, +5, +9, −8 | 10 | 8 |
| 11 | März | 1 | 9 0 – 11 10 | 795 | −2, +18, −8, −2, −6 | 7 | 5 |
| 12 | | 2 | 8 22 – 9 4 | 756 | −28, −29, +49, −23, +31 | 32 | 5 |
| 13 | | 2 | 9 5 – 9 46 | 772 | +23, +9, −22, −3, −7 | 13 | 5 |
| 14 | | 25 | | 750 | +14, +19, −17, −21, −18, +22 | 18 | 6 |
| 15 | | 26 | | 750 | −21, −3, +25, −4, +2 | 11 | 5 |

| | | | | | | | |
|---|---|---|---|---|---|---|---|
| 16 | | 26 | | 745 | −28, −9, +20, +7, −10, +10 | 10 | 7 |
| 17 | | 27 | 8 33− 9 31 | 748 | −10, +6, −16, +9, +6, +6 | 9 | 6 |
| 18 | | 27 | 9 35−11 9 | 743 | +10, −3, −11, −3, −11, +18 | 8 | 6 |
| 19 | | 30 | 9 0− 9 59 | 744 | −14, +18, +43, −31, −13,0, −3 | 17 | 7 |
| 20 | | 30 | 10 0−11 12 | 745 | −17, +5, −3, +13, +24, −12, −11 | 12 | 7 |
| 21 | | 31 | 1 20− 1 43 | 728 | −2, +4, −24, +22 | 13 | 4 |
| 22 | | 31 | 8 30− 9 24 | 755 | +10, +36, −33, +6, −24, +6 | 19 | 6 |
| 23 | | 31 | 9 25−10 0 | 757 | 0, +11,0, −17, +7 | 7 | 5 |
| 24 | Apr. | 3 | 9 55−10 34 | 741 | +14, +1, −1, −11, −3 | 6 | 5 |
| 25 | | 3 | 10 36−11 18 | 741 | +1, +8, −14, +16, −11 | 10 | 5 |
| 26 | | 8 | 8 25− 9 0 | 755 | −52, +38, +14 | 35 | 6 |
| 27 | | 15 | 8 0− 9 28 | 754 | +5, −63, +31, +11, +15 | 25 | 10 |
| 28 | | 15 | 10 14−10 49 | 770 | +7, +15, −22 | 15 | 6 |
| 29 | | 16 | 7 50− 9 12 | 775 | +8, −13, −27, +10, +11, +13, +1, +2 | 11 | 16 |
| 30 | | 16 | 9 17−10 31 | 776 | −2, −12, −7, −4, +16, −1, −6, +16 | 8 | 16 |
| 31 | | 17 | 8 23− 9 18 | 771 | +4, +12, −7, −7, −2 | 6 | 10 |
| 32 | | 17 | 9 19− 9 51 | 776 | −7, −11, +18, 0 | 9 | 8 |
| 33 | | 21 | 7 45− 8 38 | 793 | +37, +11, −12, −6, −13, +1, −18 | 14 | 14 |
| 34 | | 21 | 8 39− 9 39 | 779 | −20, +10, −6, +8, +4, +4 | 9 | 12 |
| 35 | | 21 | 9 41−10 33 | 772 | +5, −14, +1, −3, +8, +3 | 6 | 12 |
| 36 | | 22 | 7 54− 8 22 | 778 | +6, +5, +1, −12 | 6 | 8 |
| 37 | Mai | 7 | 9 35−10 24 | 789 | −13, +14, +12, −13 | 13 | 8 |
| 38 | | 14 | 7 40− 8 30 | 774 | −7, +1, +3, +2, +6, −6 | 4 | 12 |
| 39 | | 14 | 8 31− 9 41 | 770 | +8 −11, −2, −7, −3, −8 | 6 | 12 |
| 40 | | 14 | 9 42−10 30 | 299 777 | −7, −17, +6, +15, +3 | 10 | 10 |

Tab. VI (*Fortsetzung*)

| (1) Reihe | (2) Datum | (3) P.S.Z. | (4) Mittlere Geschwindigkeit | (5) Reste | (6) M. A. | (7) Gewicht |
|---|---|---|---|---|---|---|
| | 1931 | h m h m | km/s | | ± | |
| 41 | Mai 14–15 | 11 48–12 36 | 299 773 | 0, −3, −1,0, +5, −2 | 2 | 12 |
| 42 | 15 | 12 37– 1 15 | 775 | +1, −8, −7, +3, +11 | 6 | 10 |
| 43 | 15 | 7 29– 8 23 | 779 | +15, +4, −9, +9, −19, −11, +11 | 11 | 14 |
| 44 | 15 | 8 52– 9 39 | 767 | +10, −4, −9, +9, +7, −7, −6 | 7 | 14 |
| 45 | 15 | 9 56–10 38 | 775 | −6, −4, −3, +15, +12, −16 | 9 | 12 |
| 46 | 16 | 12 5–12 58 | 778 | −1, −9, −12, +1, +6, +2, +10, +2 | 5 | 16 |
| 47 | Juli 1 | 8 8– 9 52 | 776 | −10, +12, *−18*, −5, −9, +30 | 13 | 16 |
| 48 | 3 | 7 15– 8 18 | 775 | +6,0, −7, +14, *−13* | 7 | 13 |
| 49 | 6 | 7 33– 8 22 | 774 | +8, +1, −8 | 6 | 9 |
| 50 | 7 | 7 15– 8 3 | 773 | −23, −25, −2, +25, +25 | 20 | 15 |
| 51 | 7 | 8 14– 9 18 | 764 | −12, +26, +2, −7, −10 | 11 | 15 |
| 52 | 8 | 7 15– 8 45 | 777 | +12, +13, +6, −16, −6, −9 | 7 | 18 |
| 53 | 13 | 7 6– 8 25 | 779 | −30, +21, +5, +15, +30, −41 | 24 | 18 |
| 54 | 14 | 7 25– 8 24 | 778 | +20, −6, −10, +9, −14 | 12 | 15 |
| | 1932 | | | | | |
| 55 | März 3 | 9 20– 9 49 | 815 | −2, +1 | 1 | 6 |

| | | | | | | |
|---|---|---|---|---|---|---|
| 56 | 4 | 7 23 – 8 11 | 772 | −2, −2, −1, +7 | 3 | 12 |
| 57 | 4 | 8 20 – 10 1 | 814 | +16, −*37*, +16, +8, −15, −*6* | 17 | 14,5 |
| 58 | 4 | 10 23 – 11 14 | 815 | −4, +1, +12, −7 | 6 | 12 |
| 59 | 8 | 7 55 – 8 45 | 796 | −3, −6, +5, +4 | 4 | 12 |
| 60 | 8 | 8 49 – 9 54 | 782 | +1, +6, −18, +12 | 9 | 12 |
| 61 | 8 | 9 56 – 10 59 | 789 | −5, +16, +*24*, −19 | 14 | 10 |
| 62 | 9 | 7 39 – 8 40 | 800 | −4, +11, +11, −1, −14 | 8 | 15 |
| 63 | 9 | 9 6 – 9 52 | 821 | +25, −12, −1, −10 | 12 | 12 |
| 64 | 9 | 10 15 – 11 11 | 809 | −12, −1, +11, −6, +9 | 8 | 15 |
| 65 | 10 | 7 35 – 9 39 | 751 | +*14*, +14, +7, −8, −16, +*5* | 11 | 13 |
| 66 | 11 | 7 58 – 8 40 | 789 | +23, −11, +4, −15 | 12 | 12 |
| 67 | 11 | 8 49 – 10 11 | 766 | +1, +10, +11, −2 | 6 | 12 |
| 68 | 11 | 10 12 – 10 57 | 772 | −17, +10, +5, +1 | 8 | 12 |
| 69 | 15 | 7 59 – 9 34 | 773 | +11, −7, +10, −16 | 11 | 12 |
| 70 | 15 | 10 13 – 10 41 | 774 | −5, −15, +20 | 13 | 9 |
| 71 | 16 | 7 51 – 8 27 | 775 | −2, −7, 0, +11 | 5 | 12 |
| 72 | 16 | 8 30 – 9 25 | 779 | +5, −5, −6, +6 | 5 | 12 |
| 73 | 16 | 9 50 – 10 42 | 784 | +2, +10, −9, −18, +9 | 10 | 13 |
| 74 | 16 | 11 3 – 11 46 | 764 | −20, +4, +15, +4 | 11 | 12 |
| 75 | 17 | 7 7 – 8 3 | 794 | +58, +1, −17, −31, −11 | 24 | 15 |
| 76 | 17 | 8 6 – 9 37 | 776 | +16, +23, −30, −1, −10 | 16 | 15 |
| 77 | 18 | 7 35 – 8 53 | 743 | −19, −37, −7, 0, +21, +43 | 21 | 18 |
| 78 | 18 | 9 10 – 9 50 | 792 | +9, −11, +3 | 8 | 9 |
| 79 | Apr. 7 | 9 28 – 9 36 | 736 | | | 3 |
| 80 | 8 | 9 50 – 10 40 | 299 787 | −42, +31, +11 | 28 | 9 |

Tab. VI (*Fortsetzung*)

| (1) Reihe | (2) Datum | (3) P.S.Z. | (4) Mittlere Geschwindigkeit | (5) Reste | (6) M. A. | (7) Gewicht |
|---|---|---|---|---|---|---|
| | 1932 | h m h m | km/s | | ± | |
| 81 | Apr. 12 | 7 26 – 8 44 | 299 770 | +11, +9, +12, −10, −13, −11 | 11 | 18 |
| 82 | 12 | 9 31 – 10 13 | 779 | +9, 0, −12, +4 | 6 | 12 |
| 83 | 13 | 7 35 – 8 22 | 780 | −18, +30, −1, −2, −9 | 12 | 15 |
| 84 | 13 | 8 25 – 9 02 | 783 | −6, −2, +9 | 6 | 9 |
| 85 | 14 | 7 25 – 8 27 | 788 | 0, −7, +6, +29, −32 | 15 | 14 |
| 86 | 14 | 8 36 – 9 22 | 768 | +4, +7, −10, −1 | 5 | 12 |
| 87 | 15 | 7 23 – 8 11 | 768 | −57, *−51*, +17, +36, +39 | 38 | 14 |
| 88 | 15 | 8 27 – 9 8 | 807 | +16, −1, +17, −16, −15 | 13 | 15 |
| 89 | 18 | 8 32 – 10 9 | 786 | −22, +20, −12, +13, −1 | 8 | 25 |
| 90 | 20 | 8 2 – 8 30 | 789 | 0, 0 | 0 | 10 |
| 91 | 21 | 7 14 – 8 18 | 773 | +7, +45, −28, −23 | 15 | 20 |
| 92 | 21 | 8 23 – 9 26 | 761 | −24, +21, +1 | 8 | 15 |
| 93 | 26 | 7 34 – 8 15 | 776 | −29, +19, +7, +6 | 15 | 12 |
| 94 | 26 | 8 43 – 9 26 | 783 | −16, +9, +5, 0 | 7 | 12 |
| 95 | 27 | 7 50 – 8 55 | 759 | −23, −27, +23, +14, +16, −2 | 17 | 18 |

| | | | | | | |
|---|---|---|---|---|---|---|
| 96 | 27 | 8 59–10 16 | 790 | −35, +5, +5, +5, +13, +5 | 11 | 18 |
| 97 | 28 | 7 34– 8 23 | 784 | +21, +6, +3, −25, −3 | 12 | 15 |
| 98 | 28 | 8 25– 9 33 | 785 | −14, −14, +17, +9, 0 | 11 | 15 |
| 99 | 29 | 8 31– 9 40 | 779 | +16, +9, −10, −4, −7, −1 | 8 | 17 |
| 100 | Mai 3 | 7 44– 8 25 | 766 | +3, +7, +10, −21 | 10 | 12 |
| 101 | 3 | 8 41– 9 58 | 776 | +6, −11, +5, +16, −16 | 11 | 15 |
| 102 | 4 | 7 39– 8 33 | 787 | +1, −3, +14, −2, −10 | 6 | 15 |
| 103 | 4 | 8 34– 9 49 | 780 | +6, −12, +3, −3, +6, −2 | 5 | 18 |
| 104 | 5 | 7 31– 8 03 | 770 | +10, −5, −6 | 7 | 9 |
| 105 | 6 | 7 34– 8 16 | 779 | 0, +8, −9, 0 | 4 | 12 |
| 106 | 10 | 7 37– 8 57 | 770 | +7, −10, +4 | 7 | 9 |
| 107 | 11 | 7 40– 9 1 | 786 | +1, +25, +1, −14, −8, −8 | 9 | 18 |
| 108 | 12 | 7 36– 8 25 | 767 | −6, +2, −6, +2, +8 | 5 | 15 |
| 109 | 12 | 8 47– 9 34 | 775 | −7, +1, +2, −3, +7 | 4 | 15 |
| 110 | 13 | 7 38– 8 38 | 765 | −4, −11, +19, +13, −8, +1, −13 | 10 | 21 |
| 111 | 13 | 9 0– 9 18 | 770 | −4, +4 | 4 | 6 |
| 112 | 17 | 7 40– 9 9 | 773 | +9, −10, +4, −3 | 6 | 12 |
| 113 | 18 | 7 36– 9 5 | 775 | −42, +21, *+14*, +7, +23, *+26*, +7, +11 | 19 | 20 |
| 114 | 19 | 7 45– 9 7 | 781 | +6, −9, +16, −8, 0, +2, −8 | 7 | 21 |
| 115 | 20 | 7 32– 8 42 | 759 | −7, *+50*, −12, *−4*, −9, +5 | 10 | 11 |
| 116 | 24 | 7 39– 8 41 | 774 | +9, +4, 0, −11, −2 | 5 | 15 |
| 117 | 26 | 7 27– 8 23 | 765 | +8, *−15*, −11, −7, +15 | 11 | 13 |
| 118 | 27 | 7 34– 7 42 | 760 | | | 3 |
| 119 | Juni 1 | 8 5– 9 13 | 778 | −28, +4, +20, +13, −10 | 15 | 15 |
| 120 | 2 | 7 34– 8 47 | 299 787 | −11, −3, +6, +2, −1, +12, −5 | 6 | 21 |

Tab. VI (*Fortsetzung*)

| (1) Reihe | (2) Datum | (3) P.S.Z. | (4) Mittlere Geschwindigkeit | (5) Reste | (6) M. A. | (7) Gewicht |
|---|---|---|---|---|---|---|
| | 1932 | h m h m | km/s | | ± | |
| 121 | Juni 3 | 7 24 – 8 14 | 299 780 | +7, +12, +6, −6, −18 | 10 | 15 |
| 122 | 3 | 8 16 – 8 58 | 775 | −2, −17, +1, +18 | 10 | 12 |
| 123 | 6 | 7 38 – 8 55 | 759 | −6, +8, *−8*, *+2* | 7 | 8 |
| 124 | 7 | 7 32 – 8 56 | 758 | −11, −7, −5, +1, +10, +12 | 8 | 18 |
| 125 | 8 | 12 12 – 12 21 | 781 | | | 3 |
| 126 | 9 | 7 32 – 8 52 | 762 | −13, −5, −2, −8, +4, +17, +6 | 8 | 21 |
| 127 | 10 | 7 36 – 8 45 | 757 | −11, −11, +12, +7, −9, +8, +5 | 9 | 21 |
| 128 | 13 | 7 31 – 8 52 | 782 | −13, +4, +14, +4, −3, −6, −5 | 7 | 21 |
| 129 | 14 | 7 24 – 8 41 | 781 | 0, −4, +19, +23, −14, −7, −18 | 12 | 21 |
| 130 | 15 | 7 24 – 9 11 | 774 | −1, +15. −2, +2, −7, −3, −4 | 5 | 21 |
| 131 | 16 | 7 27 – 8 38 | 772 | −23, +11, +13, +13, −17, +4, 0 | 12 | 21 |
| 132 | 17 | 7 46 – 8 32 | 763 | −7, +10, +1, −3, −1 | 4 | 15 |
| 133 | 20 | 7 46 – 8 24 | 735 | +4, −11, *+45* | 12 | 6,5 |
| 134 | 21 | 7 44 – 8 43 | 762 | −2, −6, −12, 0, +9, +11 | 8 | 18 |
| 135 | 22 | 7 35 – 8 54 | 762 | −2, +12, −4, *−20* | 7 | 10 |

| | | | | | | |
|---|---|---|---|---|---|---|
| 136 | Juni 23 | 7 23— 8 33 | 772 | +11, −3, +9, −21, +1, +1, +2 | 7 | 21 |
| 137 | 24 | 7 21— 8 30 | 770 | +16, −8, −4, −5, +4, +1, −5 | 6 | 21 |
| 138 | 27 | 7 28— 8 35 | 785 | +3, −25, +11, −8, −8, +18, +3 | 11 | 20 |
| 139 | 28 | 7 25— 8 27 | 773 | +7, −2, −10, +5, −15, +12, +3 | 8 | 21 |
| 140 | 29 | 7 45— 8 47 | 770 | −20, −14, +6, +2, +12, +21, −8 | 12 | 21 |
| 141 | 30 | 7 15— 8 19 | 786 | −4, −16, +21, +14, 0, −11, −5 | 10 | 21 |
| 142 | Juli 1 | 7 50— 8 35 | 776 | +8, −11, +11, +1, −10 | 8 | 15 |
| 143 | 5 | 7 28— 8 34 | 768 | −11, −1, −1, +19, +3, +12, −19 | 9 | 20 |
| 144 | 6 | 7 22— 8 24 | 757 | −10, +4, −2, +8, +13, +1, −14 | 7 | 21 |
| 145 | 7 | 7 37— 8 15 | 775 | +1, +3, +1, −5 | 2 | 12 |
| 146 | 8 | 7 24— 8 21 | 773 | −9, +6, +11, +4, −6, −5 | 7 | 18 |
| 147 | 11 | 7 23— 8 11 | 775 | −5, +5, −7, −1, +9 | 5 | 15 |
| 148 | 12 | 7 56— 8 42 | 768 | −16, −2, +25, −2, −5 | 10 | 15 |
| 149 | 13 | 7 28— 8 23 | 778 | −8, −12, +1, +25, −4, *0* | 9 | 16 |
| 150 | 14 | 7 27— 8 41 | 781 | −23, +12, 0, +21, −10 | 13 | 15 |
| 151 | 15 | 7 22— 8 37 | 770 | *−28*, *−57*, *+22*, +13, +16, −3, −4 | 14 | 15,5 |
| 152 | 18 | 8 2— 8 43 | 776 | +5, *−9*, *−16*, +6 | 7 | 9 |
| 153 | 20 | 8 1— 8 43 | 760 | −5, +4, +11, −5, −6 | 6 | 15 |
| 154 | 21 | 7 28— 8 13 | 783 | +1, +1, +10, −9, −3 | 5 | 15 |
| 155 | 22 | 7 27— 8 15 | 765 | −6, −9, +12, +10, −7 | 8 | 15 |
| 156 | 25 | 8 7— 8 43 | 777 | −8, +1, *+20* | 7 | 7 |
| 157 | Aug. 3 | 7 38— 8 33 | 752 | −9, −20, +24, +21, −17 | 18 | 15 |
| 158 | 4 | 8 7— 8 48 | 779 | −4, *−13*, *+18*, −2 | 8 | 10 |
| 159 | Dez. 3 | 8 5— 9 10 | 805 | −2, +1, +1 | 1 | 9 |
| 160 | 5 | 8 36— 9 30 | 299 756 | +2, −2, 0 | 1 | 9 |

Tab. VI (*Fortsetzung*)

| (1) Reihe | (2) Datum | (3) P.S.Z. | (4) Mittlere Geschwindigkeit | (5) Reste | (6) M. A. | (7) Gewicht |
|---|---|---|---|---|---|---|
| | 1932 | h m h m | km/s | | ± | |
| 161 | Dez. 5−6 | 11 55−12 51 | 299 776 | −26, −12, +22, +12, +3 | 15 | 15 |
| 162 | 6 | 3 22− 4 9 | 784 | +8, +3, +15, −26 | 13 | 12 |
| 163 | 6 | 7 15− 8 22 | 795 | +19, +6, +2, −13, −15 | 11 | 15 |
| 164 | 7 | 7 19− 8 7 | 792 | +6, −1, +4, −19, +9 | 8 | 15 |
| 165 | 7−8 | 11 54−12 40 | 784 | +9, +4, +1, −8, −6 | 6 | 15 |
| 166 | 8 | 3 6− 3 52 | 772 | +12, −8, −13, +6, +2 | 8 | 15 |
| 167 | 9 | 12 3−12 50 | 786 | +11, +16, +1, −5, −23 | 11 | 15 |
| 168 | 9 | 3 9− 4 5 | 765 | −13, +6, +16, −8, −1 | 9 | 15 |
| 169 | 9 | 7 31− 8 21 | 791 | +1, +8, +8, −1, −17 | 7 | 15 |
| 170 | 10 | 12 25− 1 14 | 797 | +43, +5, −27, −25, +3 | 21 | 15 |
| 171 | 19 | 8 4− 8 45 | 775 | −17 −18, +14, +22 | 18 | 12 |
| 172 | 20 | 7 38− 8 31 | 770 | +2, +21, −2, −10, −12 | 9 | 15 |
| 173 | 20−21 | 11 57−12 44 | 764 | −11, −3, +6, +9 | 7 | 12 |
| 174 | 22 | 7 14− 8 4 | 779 | −9, −21, −9, +16, +24 | 16 | 15 |
| 175 | 23 | 12 6− 1 0 | 777 | −3, +3, −9, +5, +5 | 5 | 15 |

| | | | | | | |
|---|---|---|---|---|---|---|
| 176 | 23 | 7 43 – 8 34 | 776 | +11, +14, –15, –14, +3 | 11 | 14 |
| 177 | 24 | 12 7 – 12 54 | 755 | +29, –15, –2, –13 | 15 | 12 |
| 178 | 24 | 3 19 – 3 56 | 760 | +16, –19, +21, –18 | 18 | 12 |
| 179 | 27 | 8 30 – 9 15 | 774 | –7, –14, +24, –3 | 12 | 12 |
| 180 | 27–28 | 11 51 – 12 38 | 777 | –13, +13, +4, –3 | 8 | 12 |
| 181 | 28 | 2 53 – 3 42 | 764 | +9, +2, –15, +4 | 8 | 12 |
| 182 | 28 | 7 36 – 8 21 | 776 | +33, –47, +18, –4 | 26 | 12 |
| 183 | 28–29 | 11 46 – 12 39 | 777 | –10, –12, +5, +17 | 11 | 12 |
| 184 | 29–30 | 11 52 – 12 26 | 782 | +15, +9, 0, –23 | 12 | 12 |
| 185 | 30 | 8 29 – 9 05 | 774 | –29, +*11*, 0, +17 | 15 | 11 |
| 186 | 31 | 12 11 – 12 30 | 780 | –35, +35 | 35 | 6 |
| | 1933 | | | | | |
| 187 | Jan. 3 | 7 30 – 8 4 | 775 | –5, +9, –3, –2 | 5 | 12 |
| 188 | 5 | 7 27 – 8 10 | 765 | +4, –13, +13, –4 | 8 | 12 |
| 189 | 6 | 12 0 – 12 32 | 796 | +3, +2, –26, +21 | 13 | 12 |
| 190 | 9 | 8 3 – 8 28 | 763 | +9, –9, 0 | 6 | 9 |
| 191 | 10 | 12 5 – 12 32 | 770 | +1, +6, –7 | 5 | 9 |
| 192 | 10 | 7 29 – 8 2 | 764 | +29, –6, –15, –8 | 14 | 12 |
| 193 | 11 | 7 17 – 7 48 | 758 | +39, –10, +3, –32 | 21 | 12 |
| 194 | 12 | 12 2 – 12 48 | 764 | +6, +9, +5, –20 | 11 | 10 |
| 195 | 12 | 7 6 – 7 40 | 753 | –3, –23, +8, +18 | 13 | 12 |
| 196 | 12–13 | 11 54 – 12 31 | 766 | +20, –4, –21, +5 | 12 | 12 |
| 197 | 13 | 2 56 – 3 30 | 765 | +21, –9, –5, –7 | 10 | 12 |
| 198 | 13 | 7 10 – 7 30 | 786 | –5, +5 | 5 | 4 |
| 199 | 16 | 7 57 – 8 30 | 761 | +10, +8, –5, –13 | 9 | 12 |
| 200 | 16–17 | 11 53 – 12 24 | 299 749 | +7, +8, –6, –9 | 8 | 12 |

Tab. VI (*Fortsetzung*)

| (1) Reihe | (2) Datum | (3) P.S.Z. | (4) Mittlere Geschwindigkeit | (5) Reste | (6) M. A. | (7) Gewicht |
|---|---|---|---|---|---|---|
| | 1933 | h m h m | km/s | | ± | |
| 201 | Jan. 17 | 3 3— 3 37 | 299 767 | 0, −7, +2, +5 | 4 | 12 |
| 202 | 17 | 7 57— 8 25 | 764 | −19, +7, +12 | 13 | 9 |
| 203 | 18 | 12 0—12 31 | 764 | −12, −11, +23 | 15 | 9 |
| 204 | 18 | 7 25— 7 56 | 777 | −1, −18, +9, +9 | 9 | 12 |
| 205 | 19 | 12 13—12 45 | 774 | +6, +10, +5, −21 | 10 | 12 |
| 206 | 19 | 2 59— 3 34 | 771 | −2, −1, +10, −7 | 5 | 12 |
| 207 | 19 | 8 18— 8 42 | 759 | +17, −15, −2 | 11 | 9 |
| 208 | 25 | 7 48— 8 28 | 771 | −10, −4, +2, +12 | 7 | 12 |
| 209 | 26 | 12 16—12 41 | 769 | −19, +20, 0 | 13 | 9 |
| 210 | 26 | 3 12— 3 42 | 770 | +2, −22, +19 | 14 | 9 |
| 211 | 26 | 7 19— 7 59 | 765 | +4, −14, −4, +14 | 9 | 12 |
| 212 | 27 | 7 28— 7 59 | 779 | +4, −2, +4, −6 | 4 | 12 |
| 213 | 31 | 7 9— 7 42 | 771 | +3, −4, +7, −7 | 5 | 12 |
| 214 | Febr. 1 | 12 4—12 28 | 774 | +11, −8, −3 | 7 | 9 |
| 215 | 2 | 7 9— 7 48 | 753 | +1, −3, +6, −4 | 4 | 12 |

| | | | | | | |
|---|---|---|---|---|---|---|
| 216 | 2–3 | 11 52–12 21 | 766 | +3, +5, −2, −7 | 4 | 12 |
| 217 | 3 | 3 13– 3 45 | 801 | +13, −11, −1, −1 | 6 | 12 |
| 218 | 3 | 7 6– 7 35 | 776 | +16, −23, +9, −2 | 12 | 12 |
| 219 | 6 | 7 44– 8 6 | 756 | +6, −6, 0 | 4 | 9 |
| 220 | 7 | 7 8– 7 40 | 775 | −20, −20, +23, +17 | 20 | 12 |
| 221 | 8 | 7 10– 7 43 | 785 | +18, +1, −9, −11 | 9 | 12 |
| 222 | 9 | 7 15– 7 44 | 790 | +23, −8, −5, −10 | 12 | 12 |
| 223 | 10 | 7 15– 7 56 | 763 | +*20*, −33, −1, −4, +18 | 14 | 13 |
| 224 | 13 | 7 16– 7 43 | 771 | −11, −10, +16, +5 | 10 | 12 |
| 225 | 14 | 7 7– 7 36 | 789 | +28, −8, −16, −4 | 14 | 12 |
| 226 | 15 | 7 22– 7 50 | 767 | +8, +*13*, −2, −19 | 10 | 11 |
| 227 | 16 | 7 10– 8 16 | 767 | +18, +9, 0, −7, −5, −15 | 9 | 18 |
| 228 | 17 | 7 8– 7 52 | 779 | +1, +*32*, +5, −35, −4 | 6 | 12 |
| 229 | 20 | 7 11– 7 47 | 782 | +12, +7, −14, +5, −10 | 10 | 15 |
| 230 | 21 | 6 59– 7 28 | 784 | +14, −21, +23, −16 | 18 | 12 |
| 231 | 22 | 7 22– 7 50 | 774 | +36, −16, −14, −6 | 18 | 12 |
| 232 | 24 | 7 4– 7 46 | 807 | −18, −15, +16, +17 | 16 | 12 |
| 233 | 27 | 7 5– 7 34 | 299 788 | −4, +11, +9, −16 | 10 | 12 |

mer der Reihe an, Spalte 2 das Datum und die Uhrzeit der Beobachtung, Spalte 3 die einzelnen Werte der Abweichungen, die durch Subtraktion des Mittelwertes der Mikrometerablesung vom Mittelwert der einzelnen Seiten erhalten wurden, Spalte 4 die Mittelwerte der Abweichung. Die Spalten 5, 6, 7, 8 und 9 geben die Werte von $a$, $b$, $c$, $e$ und $f$ an. Die Spalte 10 gibt die resultierende Geschwindigkeit eines Satzes von drei Geschwindigkeitsmessungen, Spalte 11 den Rest in km/s für die Geschwindigkeit bezüglich der mittleren für die Gruppe und Spalte 12 die Anzahl der einzelnen Geschwindigkeitsbestimmungen.

Tab. VII

| Reihe | Datum | Anzahl der Einzelbestimmungen | Mittlere Geschwindigkeit | Mittlere Abweichung |
|---|---|---|---|---|
| 1 – 54 | 19. Febr. – 14. Juli 1931 | 493 | 299770 | ± 12 |
| 55 – 110 | 3. März – 13. Mai 1932 | 753,5 | 299780 | 11 |
| 111 – 158 | 13. Mai – 4. Aug. 1932 | 742 | 299771 | 9 |
| 159 – 233 | 3. Dez. 1932 – 27. Febr. 1933 | 897 | 299775 | ± 11 |
| | | 2885,5 | 299774 | ± 11 |

Tab. VI zeigt die Resultate von jeder einzelnen der 233 Beobachtungsreihen. Die Details sind die folgenden:

*Beobachtungsstunden* (Spalte 3). Viele der Aufzeichnungen von den Messungen 1931 sind unvollständig bezüglich des Beginns und des Endes der Messungen. Wo eine Nachprüfung möglich war oder andere Notizen eine Information gaben, wurden die ungefähren Zeiten eingesetzt. Die Stunden zwischen $12^{00}$ und $4^{09}$ Uhr sind nachts, alle anderen nachmittags oder abends.

*Mittlere Geschwindigkeit* (Spalte 4). Jeder Satz von Beobachtungen lieferte gewöhnlich drei Geschwindigkeitswerte. Verschiedene Sätze wurden beliebig in Reihen umgruppiert, die etwa die Zeit einer Stunde umfaßten.

Einige spezielle Gruppen wurden notiert, um entweder eine Reihe mit großer Streuung zu umfassen oder die Messungen einer Nacht in verschiedene kleinere Reihen einzuteilen. Die angegebene Geschwindigkeit $V$ ist das einfache Mittel für die Reihen.

*Reste* (Spalte 5). Die Reste sind die Werte, die, wenn sie zum Mittelwert einer Reihe hinzugefügt werden, die einzelnen Werte für jeden Satz ergeben.

*Mittlere Abweichungen* (Spalte 6). Das Mittel ohne Rücksicht auf das Vorzeichen der Reste in Spalte 5.

*Gewichte* (Spalte 7). Das Gewicht ist die Anzahl von Einzelbestimmungen der Geschwindigkeit für die Reihe. Eine kursiv gedruckte Zahl in der Spalte der Reste zeigt an, daß die Ablesung ein Gewicht hat, welches kleiner als das eines normalen Wertes in der Gruppe ist. Für die Reihen 1—25, 1931, wo 10 $R$- und 10 $L$-Ablesungen durchgeführt wurden, wurde jedem Satz der 20 Ablesungen das Gewicht 1 gegeben. In den Reihen 26—46, 1931, wo 5 $R$- und 5 L- und dann 5 $L$- und 5 $R$-Ablesungen gemacht wurden, wurde jedem Satz der 20 Ablesungen das Gewicht 2 gegeben. Von der Reihe 47, 1931, an wurden praktisch alle Ablesungen in der Reihenfolge 5 $R$, 5 $L$, 5 $R$, 5 $L$, 5 $R$ durchgeführt, und jedem Satz der 25 Ablesungen wurde das Gewicht 3 zugeschrieben. In einigen Fällen, bei denen der Satz der 25 Messungen unvollständig war, wurden die Gewichte $^1/_2$, 1 und 2 zugeteilt, und in einigen anderen, die sieben Sätze zu je 5 enthielten, wurde das Gewicht 5 gegeben.

Die niedrige Einschätzung der Messungen von 1931 stammt erstens von dem Weg, auf dem sie erhalten wurden und der die Drift nicht eliminierte, und zweitens von der Tatsache, daß sich Fehler in die Ablesungen eingeschlichen haben können, da die Temperatur des Pendelkastens nicht kontrolliert wurde. Die Ergebnisse von 1931 könnten als vorläufig betrachtet und insgesamt ausgeschlossen werden; wegen der großen Fluktuationen in den einzelnen Werten wurde aber entschieden, daß jede Beobachtung in das Endergebnis eingehen sollte.

Tab. VII ist eine Zusammenfassung der in Tab. VI angegebenen Daten. Die mittleren Abweichungen in der letzten Spalte sind relativ zum Mittelwert in der vorhergehenden Spalte genommen.

## *Diskussion*

*Verteilung der Geschwindigkeiten.* Die in der Spalte 4 der Tabelle VI angegebenen Geschwindigkeiten wurden in Intervalle eingeteilt, die einen Bereich von 5 km/s überdecken und in der Tabelle VIII angegeben sind. Eine

Tab. VIII. Häufigkeitsverteilung der gemessenen Geschwindigkeiten

| Geschwindigkeitsbereich | Anzahl | Geschwindigkeitsbereich | Anzahl |
|---|---|---|---|
| 299000+ | | 299000+ | |
| 726−730 | 4 | 776−780 | 515 |
| 731−735 | 6,5 | 781−785 | 270 |
| 736−740 | 3,0 | 786−790 | 236 |
| 741−745 | 55 | 791−795 | 90 |
| 746−750 | 29 | 796−800 | 62 |
| 751−755 | 86 | 801−805 | 33 |
| 756−760 | 184 | 806−810 | 30 |
| 761−765 | 304 | 811−815 | 32,5 |
| 766−770 | 353,5 | 816−820 | 0 |
| 771−775 | 580 | 821−825 | 12 |

graphische Darstellung dieser Daten in Abb. 1.8 erinnert an eine Wahrscheinlichkeitskurve und zeigt an, daß der wahrscheinliche Wert für die konstante Geschwindigkeit 299774 km/s ist.

*Zeit-Geschwindigkeits-Kurven.* Eine graphische Darstellung der Geschwindigkeitsmessungen in Abhängigkeit von der Zeit ist in Abb. 1.9 zu sehen; die Abszisse stellt die Tage des Jahres und die Ordinate die Geschwindigkeit dar. Es sind vier Nachtperioden durch die in der Beschreibung angegebenen Zeichen besonders gekennzeichnet. Die fette Linie verbindet die mit Gewicht versehenen Mittelwerte von kleinen Gruppen von Ablesungen, die einige Tageszeiten umfassen, während die feine Linie eine Achse darstellt, die bei dem Mittelwert von 299774 km/s gezogen ist.

Alle während des Jahres 1931 durchgeführten Messungen, mit Ausnahme der Reihen 14—25, deren Mittelwert 299746 km/s ist, liegen dicht bei der Achse. Die Kurve von 1932 beginnt bei 299800 km/s, fällt plötzlich auf 299776 km/s, fällt kontinuierlich bis zum Mai auf die Achse und anschließend auf 299760 km/s im Juni. In der

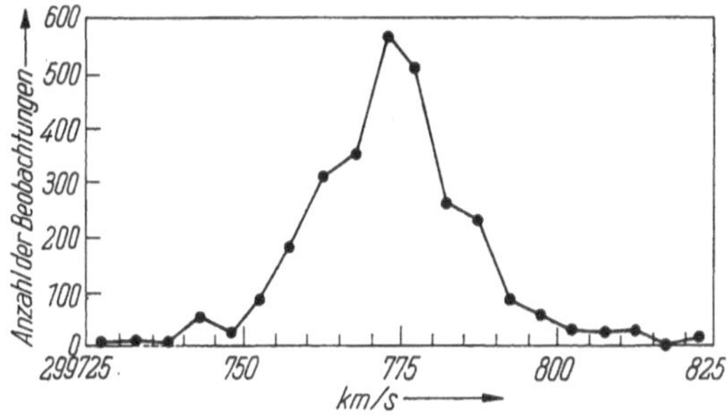


Abb. 1.8. Kurve für die Geschwindigkeitsverteilung

Kurve treten für diese Zeit verschiedene Schwankungen auf. Die Kurve bleibt unter der Achse bis zum Ende der Beobachtungen am 4. August. Die Kurve für 1932—1933 beginnt bei etwa 299785 km/s zu Beginn des Dezembers, kreuzt zweimal die Achse und erreicht einen Wert von 299765 km/s am 15. Januar. Bis Ende Februar steigt sie dann langsam auf den Wert 299787 km/s.

*Gezeitenkraft-Geschwindigkeits-Kurve.* Als die Zeit-Geschwindigkeits-Kurve gezeichnet wurde, ähnelte eine frei gezeichnete Kurve durch die einzelnen Punkte der Gezeitenkurve der Wassertiefe an der nicht weit entfernten Küste, wenn die Gezeitenkurve um 10 Stunden vorwärts verschoben wurde. Da das Mondgezeitenintervall an diesem Ort 10 Stunden ist, schien die Über-

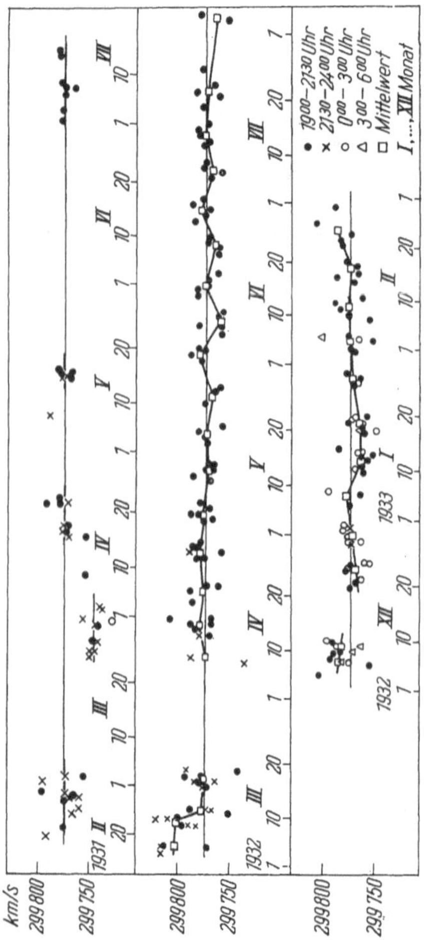


Abb. 1.9. Geschwindigkeit-Zeit-Kurve

einstimmung eine Beziehung mit den Sonne-Mond-Gezeitenkräften, die während der Beobachtungszeit wirkten, und nicht mit den Erdverschiebungen, die durch das sich verändernde Gewicht des Wassers an der Küste hervorgerufen wurden, zu suggerieren. Die direkte Wirkung der Gezeitenkräfte auf eine Erdverschiebung oder auf die Veränderung der Pendelperiode ist zu klein, um Verschiebungen von der beobachteten Größenordnung hervorzurufen. Nichtsdestoweniger wurden von dem

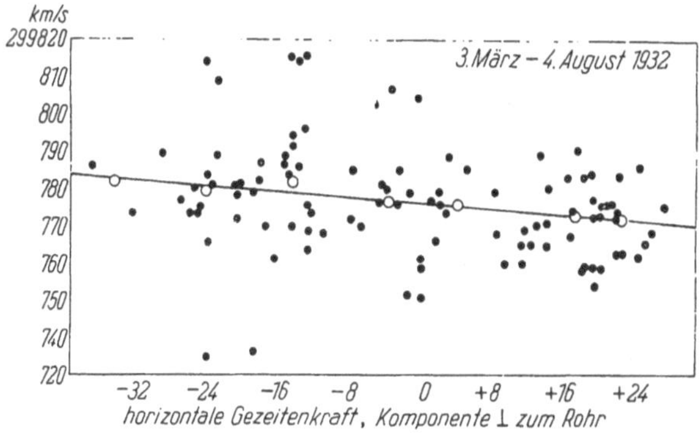


Abb. 1.10. Geschwindigkeit-Gezeitenkraft-Kurve

United States Coast and Geodetic Survey freundlicherweise Komponentenkurven der Sonne-Mond-Gezeitenkräfte zur Verfügung gestellt, aus denen die Werte der Komponenten der Gezeitenkräfte für die Beobachtungszeiten entnommen wurden; die Kurven wurden mit einer Maschine zur Vorhersage der Gezeiten hergestellt. Eine leichte Korrelation mit der Geschwindigkeit ist im Falle der horizontalen Komponente senkrecht zum Rohr nahegelegt. Die graphische Darstellung der Messungen zu Beginn des Jahres 1932 (Abb. 1.10) zeigt große Geschwindigkeiten für eine große Gezeitenkraft in südöstlicher Richtung und kleine Geschwindigkeiten für eine Kraft in Richtung Nordwest. Eine Änderung von 10 km/s entspricht einer Änderung von $1{,}35 \cdot 10^{-7}$ g. Die Streuung der Punkte ist aber so groß, daß es fraglich ist, ob die graphische Darstellung eine wirkliche Bedeutung hat.

*Monddurchmesser-Geschwindigkeits-Kurven.* Der Durchmesser des Mondes, der als Maß für seine Entfernung zur Zeit der Beobachtung genommen werden kann, wurde in Abhängigkeit von der Geschwindigkeit für die Beob-

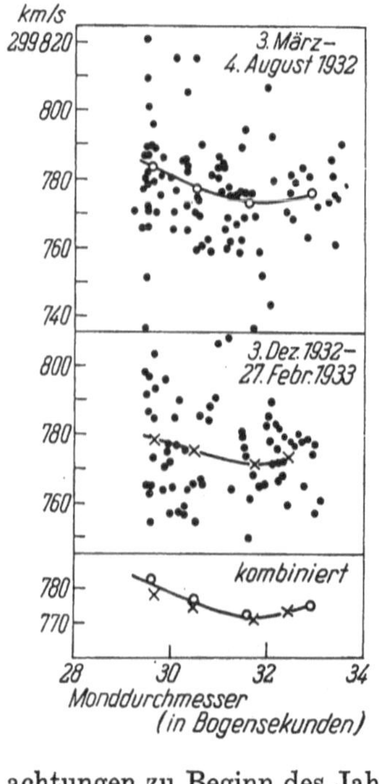


Abb. 1.11. Geschwindigkeit-Monddurchmesser-Kurve

achtungen zu Beginn des Jahres 1932 und in den Jahren 1932–1933 aufgetragen (Abb. 1.11). Beide Kurven zeigen das gleiche Verhalten, nämlich nach unten konvexe Kurven, die in den Darstellungen fast zusammenfallen; sie zeigen große Geschwindigkeiten für große und kleine Monddurchmesser und legen deshalb Gezeiteneffekte nahe. Die Streuung ist aber groß, und die Resultate haben geringes Gewicht.

Wiederholte Messungen der Basislänge und Nachprüfungen des Uhrenganges zeigten nichts, was für die restlichen Differenzen zwischen der mittleren Kurve und der Achse verantwortlich sein könnte. Eine Schwingung des Spiegelsystems mit einer Periode, die gleich einem Bruchteil der des Drehspiegels ist, könnte möglicherweise die großen Schwankungen hervorgerufen haben, die bei den einzelnen Messungen beobachtet wurden. Weitere Experimente auf einem stabileren Terrain mit einem verbesserten selbstregistrierenden Apparat, die über eine lange Zeitperiode ausgeführt werden müßten, werden notwendig sein, um das Problem zu lösen.

## 2. Die Ausbreitungsgeschwindigkeit elektromagnetischer Wellen, abgeleitet aus Resonanzfrequenzen eines zylindrischen Hohlraumresonators*)

von

L. ESSEN, D. Sc., Ph. D., und A. C. GORDON-SMITH, National Physical Laboratory

(Mitgeteilt von Sir CHARLES DARWIN, F.R.S. – Erhalten am 4. Dezember 1947)

Die Resonanzfrequenz eines evakuierten Hohlraumresonators in Form eines geraden Kreiszylinders ist durch die Formel

$$f = v_0 \sqrt{\left[\left(\frac{r}{\pi D}\right)^2 + \left(\frac{n}{2L}\right)^2\right]\left[1 - \frac{1}{2Q}\right]}$$

gegeben, wobei $v_0$ die Geschwindigkeit elektromagnetischer Wellen im freien Raum ist. $D$ und $L$ sind der innere Durchmesser bzw. die Länge des Zylinders, $r$ ist eine Konstante für eine spezielle Resonanzmode, $n$ ist die Zahl der halben Wellenlängen im Resonator, und $Q$ ist der Gütefaktor. Wenn man die Gültigkeit dieser Gleichung voraussetzt, kann man den Wert von $v_0$ aus den gemessenen Werten von $f$, $D$, $L$ und $Q$ erhalten.

*) Proceedings of the Royal Society A 194 (1948).

Ein Kupferzylinder mit einem Durchmesser von 7,4 cm und einer Länge von 8,5 cm wurde mit größter Gleichförmigkeit des Durchmessers und mit sehr genauen rechten Winkeln der Endflächen hergestellt, und seine Dimensionen wurden gemessen. Die Resonanzfrequenzen einer Reihe von verschiedenen Moden wurden gemessen, und es wurden Experimente durchgeführt, um zu zeigen, daß der Effekt der Kopplung zwischen Sonde und Oszillator und Detektor vernachlässigbar klein war. Aus diesen Experimenten wurde geschlossen, daß die günstigsten experimentellen Bedingungen für die Moden $E_{010}$ und $E_{011}$ vorliegen. Die Endmessungen mit diesen ergaben

$$v_0 = 299\,792 \text{ km/s}.$$

Der abgeschätzte maximale Fehler des Ergebnisses ist 9 km/s ($3 \cdot 10^{-5}$). Das ist der Fehler einer Einzelmessung, und, da die meisten Fehler nicht notwendigerweise Wahrscheinlichkeitscharakter haben, wird wenig gewonnen, wenn man eine große Anzahl von Messungen durchführt. Der Wert ist um 16 km/s größer als die vor kurzem bestimmten Werte der Lichtgeschwindigkeit, obwohl die Ergebnisse sich nicht widersprechen, wenn die kombinierten Fehlergrenzen berücksichtigt werden.

## *1. Einleitung*

Die Ausbreitungsgeschwindigkeit elektromagnetischer Wellen ist in der MAXWELLschen Theorie durch $1/\sqrt{(\mu\varepsilon)}$ gegeben; dabei sind $\mu$ die Permeabilität und $\varepsilon$ die Dielektrizitätskonstante des Mediums in rationalen praktischen Einheiten. Der Wert für das Vakuum, $1/\sqrt{(\mu_0\varepsilon_0)}$, ist eine Konstante von fundamentaler Wichtigkeit, sie ist theoretisch mit der Lichtgeschwindigkeit identisch und erscheint in einer großen Anzahl von elektrischen Berechnungen. Während der letzten Jahre wurde ihr Wert auch auf dem Gebiet der Radiotechnik wichtig, da er für die Berechnung der Resonanzfrequenzen elektrischer Kreise, wie etwa Hohlraumresonatoren, und auch für Navigationsmethoden mit Hilfe von Radiowellen benötigt wird. Die Messung dieser Konstante hat sehr viele

Forscher angezogen, und wahrscheinlich wurden zu ihrer Bestimmung mehr Anstrengungen als zur Bestimmung irgendeiner anderen allgemeinen Konstanten unternommen. In den meisten Experimenten, die durchgeführt wurden, wurde die Lichtgeschwindigkeit direkt durch die Messung der Zeit bestimmt, die das Licht braucht, um eine bestimmte Strecke zurückzulegen. In allen Fällen wurde das Zeitintervall durch einen Dreh- oder Wechselmechanismus dargestellt, so daß die wirklich gemessenen Größen Frequenz und Abstand waren. Beide konnten mit einer hohen Genauigkeit gemessen werden — besser als $10^{-5}$ —, und die experimentelle Hauptschwierigkeit bestand in der Regulierung der variablen Frequenz oder Länge in bezug auf die feste Länge oder Frequenz, je nach der Anordnung. Um die zufälligen Beobachtungsfehler weitgehend zu eliminieren, ist eine große Zahl von Beobachtungen erforderlich. Bei den beiden neuesten Experimenten (MICHELSON, PEASE und PEARSON, 1935; ANDERSON, 1941) wurde aber festgestellt, daß die Gruppenmittelwerte einer beträchtlichen Anzahl von Messungen um Beträge differierten, die größer waren, als man bei Fehlern mit reinem Wahrscheinlichkeitscharakter erwarten sollte. MICHELSON et al. fanden Differenzen von 11 km/s zwischen Mittelwerten von Gruppen aus etwa 500 Messungen und eine maximale Differenz von 93 km/s zwischen den Mittelwerten von Gruppen aus etwa sechs Messungen. ANDERSON gibt keine Einzelresultate an, er erhielt aber eine Differenz von 67 km/s zwischen den Mittelwerten von Gruppen, die aus etwa 200 Messungen bestanden. Die gute Übereinstimmung zwischen ihren Endergebnissen $(299774 \pm 11)$ km/s bzw. $(299776 \pm 14)$ km/s kann deshalb irreführend sein.

Die Konstante wurde auch durch Vergleich zwischen den berechneten und gemessenen Werten der Kapazität eines Kondensators von geeigneter Form bestimmt (ROSA und DORSEY, 1907). Der mit Hilfe der elektromagnetischen Theorie berechnete Wert enthält die Dielektrizitätskonstante des Mediums und die Dimensionen des Kondensators. Der gemessene Wert, der durch Abgleich einer Brücke, in deren einen Zweig der Kondensator eingeschaltet war, bestimmt wurde, ist mit Hilfe des internationalen Ohms ausgedrückt. Das Experiment besteht in der Messung der Dimensionen des Kondensators, der Bestimmung eines Widerstandes, eines Widerstandsverhältnisses und einer Frequenz, und das Resultat kann als gemessener Wert der Dielektrizitätskonstanten des freien Raumes interpretiert werden. Daraus kann die Geschwindigkeit berechnet werden, da der Wert der Permeabilität per definitionem bekannt ist. Sowohl die Rechnungen als auch die Experimente enthalten Schwierigkeiten, aber das von ROSA und DORSEY erhaltene Resultat war wahrscheinlich das zuverlässigste zu jener Zeit. Das Endergebnis lautet 299710 km/s; es ist der Mittelwert von etwa 900 Einzelbestimmungen, die mittlere Abweichung ist 22 km/s,der abgeschätzte maximale Fehler 30 km/s, abgesehen von den Unsicherheiten, die mit dem internationalen Ohm verbunden sind. Diese Konstante ist nun mit einer Genauigkeit von $2 \cdot 10^{-5}$ bekannt, und BIRGE (1941) erreichte mit einer Korrektur des Ergebnisses von ROSA und DORSEY den Wert 299784 km/s. Unter Benutzung aller zu jener Zeit existierenden zuverlässigen Daten gab BIRGE den wahrscheinlichsten Wert für die Konstante mit

$$c = (299776 \pm 4)\ \text{km/s}$$

an.

In den letzten Jahren wurde in einer Reihe von Experimenten die Ausbreitungsgeschwindigkeit elektrischer Wellen mit Frequenzen von der Größenordnung einiger MHz gemessen, aber die erreichte Genauigkeit war im allgemeinen unter 1% (SMITH-ROSE, 1943), so daß diese Messungen in Diskussionen über den Wert der Konstanten nicht berücksichtigt werden können.[1])

[1]) Die Genauigkeit hat in den seit dieser Zeit veröffentlichten Arbeiten erheblich zugenommen, und der wahrscheinliche Fehler ist nun von der Größenordnung $10^{-4}$ (JONES, 1947; SMITH, FRANKLIN und WHITING, 1947).

Das in dieser Arbeit beschriebene Experiment enthält weniger technische Schwierigkeiten als irgendeine der oben beschriebenen Methoden. Es besteht in der Messung der Frequenz der elektrischen Resonanz eines Kupfer-Hohlzylinders und in der Berechnung der Frequenz aus der elektromagnetischen Theorie. Es ist deshalb im Prinzip dem Experiment von Rosa und Dorsey ähnlich, hat aber auch einige gemeinsame Punkte mit den Experimenten zur Bestimmung der Lichtgeschwindigkeit, weil die einzigen zu messenden Größen die Dimensionen der Apparatur und eine Frequenz sind. Die zu messende Frequenz ist aber die der elektromagnetischen Welle selbst und nicht die der ihr überlagerten Modulation. Die Frequenz der Schwingungen ist von der Größenordnung $3 \cdot 10^9$ Hz, verglichen mit $5 \cdot 10^{14}$ Hz für das Licht. Die Dimensionen und die Frequenz können durch die Anregung der Resonanz mit einer Genauigkeit von etwa $10^{-6}$ eingerichtet werden, so daß die Genauigkeit der Beobachtung von der gleichen Größenordnung wie die der Frequenz- und Längenmessungen ist. Es wird deshalb sehr wenig gewonnen, wenn man eine große Anzahl von Bestimmungen macht, und die Autoren empfinden es gerechtfertigt, eine ziemlich hohe Genauigkeit für die einzelne Messung zu fordern, was von den früheren Bearbeitern für ihre gemittelten Resultate verlangt wurde. Das erreichte Resultat war 299792 km/s. Der Wert ist um 1 km/s niedriger als der, der bei Essen (1947) erscheint, aber die Differenz stammt allein von der Tatsache, daß, als die Arbeit fortschritt, die Berechnungen mit einer größeren Stellenzahl durchgeführt wurden, als zu Beginn gerechtfertigt war.

Das Experiment entsprang einer Arbeit über den Hohlraumresonator-Wellenmesser, und einige Schlüsse über die Ausbreitungsgeschwindigkeit wurden schon in einer früheren Arbeit (Essen, 1946) gezogen. Die Arbeit wurde neben einem fast vollen Programm durchgeführt, und außer dem Hohlraumresonator selbst wurden nur bereits vorhandene Geräte verwendet. Im Verlaufe des Experimentes wurde es klar, daß weitere Arbeiten mit unterschiedlichen Resonanzmoden und Hohlräumen von unterschiedlichem Typ interessant wären, speziell deshalb, weil das Endergebnis um 16 km/s höher als der früher akzeptierte Wert von 299776 km/s war. Solche Arbeiten würden weitere experimentelle Hinweise auf die verschiedenen Quellen möglicher Fehler geben.

Es wurden Pläne ausgearbeitet, um die Arbeit fortzusetzen, sobald sich die Gelegenheit ergibt; man dachte aber, daß die bis jetzt durchgeführten Messungen hinreichend interessant sind, um eine Publikation zu rechtfertigen.

## *2. Theorie der Methode*

Die Resonanzfrequenz eines geraden hohlen Kreiszylinders, der an beiden Enden geschlossen ist, ist von SARBACHER und EDSON (1943) angegeben als

$$f_{lmn} = v \sqrt{\left[\left(\frac{r}{\pi D}\right)^2 + \left(\frac{n}{2L}\right)^2\right]}, \tag{1}$$

wobei $f_{lmn}$ die Frequenz der Mode in Hz ist, die durch die Indizes gekennzeichnet ist, $v$ ist die Ausbreitungsgeschwindigkeit in cm/s im Medium ($v = 1/\sqrt{(\varepsilon\mu)}$), $D$ ist der Durchmesser und $L$ die Länge des Zylinders in cm, $n$ ist eine ganze Zahl, sie hat den gleichen Wert wie der dritte Index in der Modenkennzeichnung, $r$ ist die $m$-te Wurzel der Gleichungen $J_l(x) = 0$ für die $E$-Moden und $J'_l(x) = 0$ für die $H$-Moden, $J$ sind BESSEL-Funktionen. Wenn der Hohlraum ausgepumpt wird, ist $\mu = \mu_0$ und $\varepsilon = \varepsilon_0$, und die Geschwindigkeit ist die im freien Raum. Wir haben dann

$$v_0 = \frac{f_{lmn}}{\sqrt{\left[\left(\frac{r}{\pi D}\right)^2 + \left(\frac{n}{2L}\right)^2\right]}}. \tag{2}$$

Die im Experiment schließlich benutzten Moden waren $E_{010}$ und $E_{011}$, für diese beiden Moden ist der Wert von $r$ gleich 2,404825, $n$ ist dann 0 bzw. 1.

Die obige Formel ist unter der Annahme abgeleitet, daß die Wände des Hohlraums ideal leitend sind. Wegen der endlichen Leitfähigkeit der Wände dringt in der Praxis das magnetische Feld bis zu einer gewissen Tiefe ein, und die Feldkonfiguration unterscheidet sich deshalb von der, die für den Fall des idealen Hohlraumresonators angenommen wurde. Für diesen Fall wurde noch keine vollständige Lösung gefunden, aber die Analogie mit elektrischen Kreisen, die bei niedrigen Frequenzen in Resonanz sind, legt nahe, daß die effektive Induktanz des Systems durch das Eindringen des Feldes in die Wand zunimmt und daß die Resonanzfrequenz deshalb reduziert wird. Für diese Auswirkung auf die Resonanzfrequenz wurden Näherungsausdrücke abgeleitet. BERNIER (1946) hat z. B. gezeigt, daß, wenn die Ausbreitungskonstante im verlustfreien Leiter $\beta$ ist ($\beta = 2\pi/\lambda = 2\pi f/v$, dabei ist $\lambda$ die Wellenlänge im Leiter), dann die Ausbreitungskonstante im Leiter mit endlicher Leitfähigkeit

$$\beta' = \beta \left[1 - \frac{\mu e A}{2\sqrt{2}} (1 - j)\right] \tag{3}$$

ist, wobei $A$ eine Funktion des Feldes und $e$ die Skintiefe bezeichnet, die von der Leitfähigkeit nach der wohlbekannten Formel für den Skineffekt abhängt. Der Imaginärteil dieses Ausdrucks entspricht der Dämpfung, und der Realteil entspricht einer Reduktion in der Frequenz. Wenn man diesen Ausdruck auf die Frequenz umtransformiert, hat man

$$f' = f \left[1 - \frac{\mu e A}{2\sqrt{2}} (1 - j)\right], \tag{4}$$

und die gemessene Frequenz ist der Realteil dieses Ausdrucks, $f\left(1 - \frac{\mu e A}{2\sqrt{2}}\right)$. Dieser kann mit Hilfe von $Q$ des

Resonators ausgedrückt werden, das experimentell gemessen werden kann, weil

$$Q = \frac{\text{Realteil}\ \beta'}{2\ \text{Imaginärteil}\ \beta'} = \frac{1 - (\mu e A/2\sqrt{2})}{\mu e A/\sqrt{2}} \tag{5}$$

und deshalb

$$f\left(1 - \frac{\mu e A}{2\sqrt{2}}\right) = f/\left(1 + \frac{1}{2Q}\right) \tag{6}$$

ist; $(\mu e A/2\sqrt{2})$ ist eine sehr kleine Größe, höhere Potenzen von ihr wurden vernachlässigt.

Für $v_0$ müssen wir deshalb anstelle von (2)

$$v_0 = \frac{f'_{lmn}(1 + 1/2Q)}{\sqrt{[(r/\pi D)^2 + (n/2L)^2]}} \tag{7}$$

benutzen, $f'_{lmn}$ ist die gemessene Frequenz und $Q$ der gemessene Gütefaktor.

Die gemessenen $Q$ sind wesentlich niedriger als die berechneten Werte, das ist eine allgemeine Erfahrung mit Hohlraumresonatoren. Die Reduktion kommt wahrscheinlich entweder von den mechanischen Fehlern der Oberfläche oder von einem größeren Widerstand der Oberflächenschicht, der von der mechanischen Bearbeitung herrührt. In jedem Falle scheint es wahrscheinlich, daß der Effekt, der den höheren Widerstand bewirkt, auch eine größere Frequenzkorrektur geben muß und daß der gemessene Wert benutzt werden sollte.

Der Resonator ist an einen Schwingungsgenerator und an einen Detektor durch kleine Sonden gekoppelt, die durch Löcher an einer Stirnfläche des Zylinders eingeführt sind, und es ist wichtig, die Auswirkung dieser Kopplung auf die Frequenz zu betrachten. Eine theoretische Behandlung würde erhebliche Schwierigkeiten bieten, aber vorangegangene experimentelle Resultate zeigten, daß der Grad der Kopplung so weit reduziert werden kann, daß der Effekt auf die Frequenz vernachlässigbar ist. Es wurde deshalb entschieden, dies als ein experimentelles

Problem zu behandeln und zu sichern, daß der Effekt innerhalb der vorgeschriebenen Genauigkeitsgrenzen vernachlässigbar war.

### *3. Beschreibung der Apparatur*

### *3.1. Allgemeine Anordnung*

Die Apparatur ist in Abb. 2. 1 schematisch dargestellt. Der Hohlraumresonator ist an einen Oszillator und an einen Empfänger durch die Sonden $A$ und $B$ mit Koaxial-

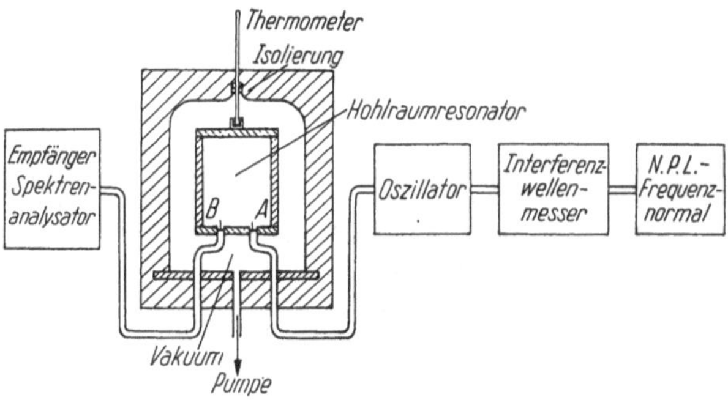


Abb. 2.1. Versuchsanordnung (schematisch)

kabeln gekoppelt. Die Frequenz des Oszillators wird variiert, und wenn sie einen einer Resonanzfrequenz des Hohlraums entsprechenden Wert erreicht, zeigt ein Meßinstrument im Empfänger ein starkes Anwachsen der Amplitude des Signals an. Die Frequenz wird so reguliert, daß ein maximaler Ausschlag entsteht, und ihr Wert wird dann mit einem Überlagerungs-Wellenmesser gemessen. Der Resonator wurde unter einem Rezipienten eingeschlossen, der evakuiert werden konnte; an den Sockeln und Dichtungen, die bei $A$ und $B$ angebracht waren, wurde ein Weg für die Luft gelassen.

### *3.2. Der Hohlraumresonator*

Bei der Wahl des Materials, der Form und der Größe des Resonators wurde eine Reihe von Faktoren berücksichtigt. Um eine hinreichend scharfe Resonanz zu erreichen, muß die innere Oberfläche bis zur Eindringtiefe des Feldes sehr gut leitend sein; unglücklicherweise sind aber die sehr gut leitenden Metalle wie Kupfer oder Silber auch weich und haben einen hohen thermischen Ausdehnungskoeffizienten. Sie können deshalb nicht mit höchster Präzision bearbeitet werden, und die Messung der Dimensionen eines aus einem solchen Material hergestellten Resonators bereitet einige Schwierigkeiten. Es wurden die Möglichkeiten erwogen, ein hartes Metall oder geschmolzenen Quarz aufzubringen, man vermutet aber, daß das Plattieren nicht mit der notwendigen Präzision vorgenommen werden kann und daß die weiche Metalloberfläche vorher noch bearbeitet werden muß. Die meisten Vorteile würden dann wieder wegfallen, und von dem verbleibenden, dem niedrigen Temperaturkoeffizienten, wurde angenommen, daß er nicht so entscheidend ist, da die Temperatur höchstwahrscheinlich kein begrenzender Faktor in der Meßgenauigkeit ist. Es wurde deshalb entschieden, festes Kupfer als Material zu verwenden, zumindest für die ersten Experimente.

Die Resonanzfrequenzen können mit Hilfe der bestehenden theoretischen Methoden nur für einfache Formen des Resonators auf einfache Weise berechnet werden, so für den Kreis-Hohlzylinder, die Kugel und das rechteckige Parallelepiped.

Von diesen hat das letzte einige Vorteile, da es aus optisch ebenen Platten gebaut werden kann und seine Dimensionen mit Interferometermethoden bestimmt werden können; es wird aber schwieriger herzustellen sein als der Zylinder, und die große Zahl von scharfen Ecken und Verbindungen ist ein Nachteil. Die Kugel hat den Vorteil, keine scharfen Ecken zu haben, sie ist aber mit der gewünschten Präzision sehr schwer herzustellen. Es wurde deshalb entschieden, für die ersten Versuche die zylindrische Form zu benutzen. In der Wahl der Resonatordimensionen und der Resonanzfrequenz gibt es einen großen Spielraum. Oszillatoren gibt es für jede Frequenz bis zu 10000 MHz, und die Skineffektkorrektur nimmt mit zunehmender Frequenz ab. Andererseits nehmen die Leistungs- und die Frequenzstabilität der Oszillatoren mit wachsender Frequenz ab, speziell bei Werten, die wesentlich oberhalb 3000 MHz liegen. Die optimale Größe des Zylinders, vom Standpunkt der Präzisionsherstellung mit den vorhandenen Schleifmaschinen, war von der Größenordnung von 8 cm in Durchmesser und Länge. So ein Zylinder gibt Resonanzen niedrigster Ordnung im Bereich von 3000 MHz, und das schien deshalb die günstigste Frequenz zu sein. Der exakte Durchmesser und die Länge wurden dann so gewählt, daß mehrere Resonanzmoden niedriger Ordnung in diesem Frequenzbereich enthalten sind, die aber noch hinreichend getrennt sind, um sie als einzelne Resonanzen in der theoretischen Behandlung betrachten zu können.

Einzelheiten des Resonators sind in Abb. 2.2 dargestellt. Der Zylinder ist aus einem massiven Stück gedreht und so gleichförmig wie möglich hinsichtlich der Dimensionen poliert worden, wobei die exakte Größe nicht so entscheidend war. Die Endflächen sind poliert und parallel. Die Endplatten sind eben und durch acht Schrauben mit dem Zylinder verbunden; ein hinreichender Spielraum ist in den Löchern in den Platten vorgesehen. Die Koppelsonden $A$ und $B$ passen durch Löcher in einer der Endplatten, ihre Eindringtiefe ist regelbar. Es wurde Nr. 38 s.w.g.-Draht (Durchmesser 0,0060 Zoll = 0,0152 cm) benutzt und durch Löcher von 0,03 cm Durchmesser gesteckt. Die Sonde $A$ ist mit einem Sockel verbunden, in den das Koaxialkabel zum Oszillator gesteckt ist. Wenn ein Überlagerungsempfänger benutzt wird, endet die Sonde $B$ in einem ähnlichen Sockel, wenn aber das Empfängersystem ein Kristalldetektor und ein Galvanometer ist, sitzt der Kristall zwischen der Sonde und dem Sockel, wie es bei *C* in der Abbildung angedeutet ist. Das Metallstück *D* dient als Hochfrequenz-Umwegkondensator, und das Galvanometer ist am Sockel *E* angeschaltet. Der Kreis erfordert eine Gleichstromrück-

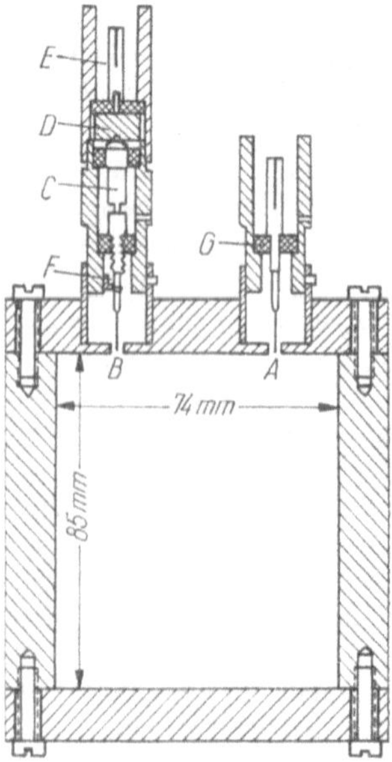


Abb. 2.2. Detail des Resonators

leitung, sie wird durch einen Draht *F* hergestellt, dessen Lage geändert werden kann, um den Kristallkreis abzustimmen. Das Isolationsmaterial *G* und die Sockel sind durchbohrt, um Luft beim Auspumpen des Systems hindurch zu lassen.

### *3.3. Der Empfänger*

Der Kristalldetektor, der bei den ersten Versuchen benutzt wurde, war ein normaler Siliziumkristall mit Wolframdraht (Typ Nr. CV 113), dessen Gleichstrom-

Ausgangssignal durch ein Galvanometer vom Typ Tinsley 4500 A (50 Ω) angezeigt wurde. Bei den Endmessungen wurde entschieden, statt dessen einen Überlagerungsempfänger zu verwenden, der bereits vorhanden und der etwas empfindlicher war. Es handelt sich dabei um eine spezielle Form eines Instrumentes (bekannt als Spektralanalysator oder Spektrometer), das dazu entwickelt war, die spektrale Energieverteilung im Ausgang von Senderöhren zu ermitteln. Die nützliche Eigenschaft für die geplante Anwendung ist seine fast konstante Empfindlichkeit innerhalb eines schmalen Frequenzbandes ohne irgendeine Nachregelung. Die Abstimmung des Empfängers ist so eingestellt, daß die Resonanzfrequenz des Hohlraums etwa in der Mitte dieses Bandes ist. Wenn dann die Oszillatorfrequenz durch den Resonanzwert wandert, wird eine maximale Ablenkung ohne Nachstimmung des Empfängers beobachtet.

### *3.4. Der Überlagerungs-Wellenmesser*

Dieses Instrument und seine Methode wurden von den Autoren schon beschrieben (1945). Durch sorgfältige Handhabung ist es mit ihm möglich, Frequenzen in dem entsprechenden Bereich mit einer Genauigkeit von $\pm 2 \cdot 10^{-6}$ zu messen.

### *3.5. Der Oszillator*

Die Oszillatorröhren wurden aus denen ausgewählt, die als lokale Oszillatoren in Empfängern benutzt werden; Typ CV 35 eignet sich für die $E_{010}$-Mode und Typ CV 234 für die $E_{011}$-Mode. Die erste wurde mit einem stabilisierten Netzgerät und die zweite mit Batterien betrieben. Die mit den Röhren gelieferten Abstimmechanismen gaben eine hinreichend glatte Frequenzvariation, obwohl es manchmal notwendig war, durch entsprechende Einstellung der Nebenabstimmer den richtigen Bereich des Abstimmungsmechanismus zu wählen.

## 4. *Messung der Resonanzfrequenzen und Gütefaktoren*

Der Resonator und die Vakuumglocke wurden gut isoliert, um zu sichern, daß jede auftretende Temperaturänderung sehr langsam abläuft und daß die von einem Thermometer, das in gutem thermischemKontakt mit dem Resonator stand, angezeigte Temperatur innerhalb von 0,1 °C die wirkliche Temperatur ist. Das System wurde mindestens 12 h vor Beginn der elektrischen Messungen ausgepumpt. Die elektrischen Geräte wurden ebenfalls einige Stunden früher eingeschaltet, ehe sie benutzt wurden, damit die verschiedenen Oszillatoren eine stationäre Temperatur erreichen und die Messungen unter den besten Bedingungen durchgeführt werden konnten.

Wie in 3.1 erklärt wurde, bestand die Messung in der Einstellung des Oszillators auf die Resonanzfrequenz des Hohlraumes und dann in der Ermittlung dieser Frequenz. Zwei Beobachter führten sie durch, um jedes merkliche Zeitintervall zwischen den beiden Operationen zu eliminieren. Gewisse Vorkehrungen sicherten, daß die maximale Auslenkung im Empfänger wirklich der Resonanzbedingung des Hohlraums entsprach.

Es wurde festgestellt, daß sich keine spürbare Änderung im Ausgangssignal des Oszillators ergab, wenn die Abstimmung im Resonanzgebiet variiert wurde. Im Kreis gibt es einige kurze Kabelstücke, Verbindungsstecker und Fassungen. Ihre Impedanz und damit die an der Sonde verfügbare Leistung ändert sich mit der Frequenz; wegen des Widerstandes waren aber solche Abstimmeffekte von einer anderen Schärfe im Vergleich zu der Hohlraumresonanz. Es war leicht, alles so einzurichten, daß für eine kleine Frequenzänderung, die beim Durchgang durch die

Resonanz auftrat, keine merkliche Amplitudenänderung auf Grund dieser Effekte auftrat. Bei den vorbereitenden Experimenten wurde die Anordnung damit kontrolliert, daß die Sonden tiefer eingesteckt wurden; damit sollte ein hinreichender Ausschlag auf dem Oszilloskop des Empfängers durch direkte Kopplung zwischen ihnen erreicht werden, wenn der Hohlraum nicht in Resonanz war. Die Frequenz wurde um einige MHz nach beiden Seiten des Resonanzwertes variiert, und es wurde festgestellt, daß die Amplitude der Auslenkung auf dem Oszilloskop konstant bleibt, wenn sie sich entlang der Zeitskala auf beiden Seiten der Hohlraumresonanz bewegt.

Die Spannungsversorgung des Oszillators wurde so gewählt, daß Frequenzvariationen auf Grund von Restschwankungen in ihr auf ein Minimum reduziert wurden. Unter guten Bedingungen war das Frequenzband, über das ein hörbarer Schwebungston im Interferenz-Wellenmesser erhalten werden konnte, kleiner als $10^{-5}$ der Frequenz, und die Bestimmung des Bandmittelpunktes wurde mit einer Genauigkeit von $\pm 2 \cdot 10^{-6}$ durchgeführt.

Das $Q$ des Resonators wurde gemessen, indem die Änderung der Frequenz in bezug auf den Resonanzwert beobachtet wurde, die dazu notwendig ist, den nachgewiesenen Strom auf den Wert $1/\sqrt{2}$ seines Spitzenwertes zu reduzieren. Wenn diese Änderung $\delta f$ ist, dann ist $Q$ gleich $f/2\delta f$. Dieser Wert wurde durch Messungen geprüft, die mit dem Kristalldetektor und dem Galvanometer unter Bedingungen durchgeführt wurden, unter denen der Detektor ein quadratisches Gesetz innerhalb enger Grenzen gab.

### *5. Messung der Dimensionen*

Die Abmessungen des Resonators wurden in der Metrologieabteilung des National Physical Laboratory gemessen.

### *5.1. Innerer Durchmesser*

Die Messungen wurden in einem temperaturkontrollierten Raum mit einem horizontalen Komparator durchgeführt, der für innere Messungen mit runden Stahlmeßhütchen (etwa 0,4 cm Radius) ausgestattet war und der mit einer zu 0,34 kp äquivalenten Meßkraft arbeitete. Eine passend angesprengte Kombination von Parallelendmaßen und Endstücken diente als Bezugsbasis für den inneren Vergleich. Differenzen zwischen jedem einzelnen Rohrdurchmesser und der Bezugsbasis wurden auf der optischen Skala des Komparators angezeigt, auf der 1,3 μm direkt abgelesen und 0,3 μm abgeschätzt werden konnten. Die Messungen wurden an acht symmetrisch verteilten Durchmessern in sieben Positionen entlang der Zylinderachse durchgeführt.

Die Genauigkeit bei der Bestimmung des mittleren gemessenen Durchmessers wurde zu $\pm$ 1,3 μm für die vorbereitenden Messungen abgeschätzt, die als normale Routinetests ausgeführt wurden. Um das für die endgültigen Messungen zu verbessern, wurden in der Meßtechnik folgende Modifikationen vorgenommen:

*a*) Der Komparator wurde mit einer Glasplatte so abgeschirmt, daß Temperatureffekte auf Grund der Anwesenheit des Beobachters so gut wie möglich unterdrückt werden konnten.

*b*) Eine verbesserte Form des Bezugsmaßes wurde benutzt. Es war vom „Kastentyp“ und bestand aus einer fest aneinandergesprengten Kombination von zwei Stapeln von Parallelendmaßen hoher Qualität, die sich in der Länge um nicht mehr als etwa 0,03 μm unterschieden, zwischen zwei geläppten Endstücken, insgesamt bildete es einen festen „Kasten“ oder ein Gefüge, für das die Bezugslänge gut definiert war. Jedes in dieser Kombination verwendete Parallelendmaß wurde vorher durch Interferometermessungen mit Hilfe von Lichtwellenlängen auf eine Genauigkeit geeicht, die äquivalent zu 0,03 μm war.

*c*) Zwei Durchmesser in der Mitte des Kupferzylinders und in einem rechten Winkel zueinander wurden mit Hilfe des Bezugsmaßes genau bestimmt.

*d*) Die Temperaturen des Kupferzylinders und des Normals aus gehärtetem Stahl wurden beobachtet, und das Resultat des Vergleiches wurde auf 20 °C reduziert, dabei wurden die Ausdehnungskoeffizienten $12 \cdot 10^{-6}$ und $17 \cdot 10^{-6}$ für gehärteten Stahl bzw. Kupfer benutzt.

*e*) Nachdem die beiden Grunddurchmesser gut bestimmt waren, wurden alle anderen Durchmesser des Zylinders mit dem einen und dann mit dem zweiten Grunddurchmesser verglichen. Die Auswirkung einer jeden Temperaturänderung auf die während dieser langen Vergleichsreihen erhaltenen Resultate wurde dadurch eliminiert, vorausgesetzt, daß jede Temperaturänderung für alle Teile des Zylinders die gleiche ist. Der mittlere gemessene Durchmesser, der von jeder der beiden Reihen erhalten wurde, stimmte auf 0,5 μm genau überein.

*f*) Theoretische und experimentelle Untersuchungen wurden über die verschiedenen Effekte der Kompressionskraft, die durch die Stahlmeßhütchen des Komparators auf gehärteten Stahl und Kupfer ausgeübt werden, durchgeführt. Die durch Rechnung und Experiment erhaltenen Resultate stimmten auf 0,03 μm genau überein und zeigten, daß die Differenz dadurch kompensiert werden kann, daß der vom Normal abgeleitete beobachtete Wert des inneren Durchmessers um 0,27 μm reduziert wird.

### *5.2. Länge*

Längenmessungen wurden mit Hilfe eines vertikalen Komparators durchgeführt, der abgerundete Kontaktmeßhütchen und eine optische Skala ähnlich der des horizontalen Komparators hatte. Ein Ende des Zylinders wurde in Kontakt mit der horizontalen Platte des Komparators unter dem Kontakthütchen gebracht, die Höhe des anderen Endes des Zylinders wurde in verschiedenen

Positionen durch Vergleich mit einer angesprengten Kombination von Parallelendmaßen gemessen. Unter diesen Meßbedingungen konnte man annehmen, daß der Kompressionseffekt des einzelnen Kontaktmeßhütchens in bezug auf die allgemeine Genauigkeit der Längenbestimmung vernachlässigbar war.

Die Länge des Rohres wurde an acht Positionen gemessen, die symmetrisch rund um den Zylinder verteilt waren, und an jeder Position wurden drei Messungen durchgeführt, eine in der Nähe der Öffnung, eine in der Mitte der Wand und eine in der Nähe der Außenwandung. Die Messungen sind auf $\pm$ 0,8 μm zuverlässig.

Es wurden einige Tests gemacht, um zu zeigen, ob der Durchmesser und die Länge durch das Verschrauben der Endplatten beeinflußt werden, innerhalb der Genauigkeit dieser Messungen ($\pm$ 0,8 μm) gab es keinen Hinweis auf Verformungen.

## 6. *Experimentelle Ergebnisse*

### 6.1. *Vorbereitende Messungen*

Die verwendete Kopplungsmethode begünstigt die Anregung der $E_{01n}$-Moden, jedoch die $H_{011}$- und $H_{111}$-Moden können auch angeregt werden, wenn die Sonden rund gebogen werden und kleine Schleifen bilden, die so orientiert sind, daß sie eine Verbindung zu dem Feld der entsprechenden Mode geben. Um Erfahrungen über die geeigneten experimentellen Bedingungen zu erhalten, wurden vorbereitende Messungen der Resonanzfrequenzen von einer Reihe verschiedener Moden durchgeführt.

Aus den Frequenzen wurden die Geschwindigkeitswerte berechnet, die Resultate sind in Tab. 1 enthalten; es muß aber angenommen werden, daß sie aus folgenden Gründen nicht genauer als $6 \cdot 10^{-5}$ sind:

*a*) Die metrologische Prüfung des Zylinders zeigte größere Schwankungen des Durchmessers, als zu erwarten war, und die Messungen selbst wurden nicht mit der maximal möglichen Genauigkeit durchgeführt; die Unsicherheiten sind am Kopf der Tabelle 1 angegeben. Die Endstücke waren nicht eben geschliffen, die Längenmessung ist deshalb gemittelt, die Abweichungen sind von der Größenordnung $\pm$ 5 µm.

Tab. 1. (Vorbereitende Messungen) Resonanzfrequenzen des Kupferzylinders und berechnete Geschwindigkeitswerte; mittlerer Durchmesser des Resonators (7,39759 $\pm$ 0,00012) cm, Variation $\pm$ 0,00045 cm, Länge des Resonators (8,55844 $\pm$ 0,0003) cm

| Resonanzmode | Korrektur-faktor $(1 + 1/2Q)$ | Konstante $r$ | Frequenz $f'_0$ (in MHz) | $v_0$ (in km/s) |
|---|---|---|---|---|
| $E_{010}$ | 1,000028 | 2,404825 | 3102,12 | 299797 |
| $E_{011}$ | 1,000035 | 2,404825 | 3562,38 | 299798 |
| $E_{012}$ | 1,000030 | 2,404825 | 4678,81 | 299785 |
| $H_{011}$ | 1,000015 | 3,831706 | 5243,96 | 299799 |
| $H_{111}$ | 1,000031 | 1,841184 | 2950,78 | 299777 |

*b*) Die Bedingungen für die Frequenzmessung waren nicht ideal. Für die Moden $E_{012}$, $H_{011}$ und $H_{111}$ wurden die Koppelsonden etwa 1 oder 2 mm eingesteckt, im Fall der beiden letzten Moden wurden sie in kleine Schleifen umgeformt. Die Größe der Koppellöcher war 0,15 cm.

*c*) Als Ergebnis dieser Messungen wurde entschieden, sich auf die $E_{010}$- und $E_{011}$-Moden zu konzentrieren, die einfach nachgewiesen werden können, wenn die Sonde bündig mit der Hohlraumwand ist. Die Größe des Kopplungsloches wurde reduziert. Es wurde gleichzeitig entschieden, den Zylinder nachzuschleifen, um die Gleichmäßigkeit in Durchmesser und Länge zu verbessern.

### *6.2. Auswirkung der Größe des Kopplungsloches und der Sondeneindringtiefe*

Es war notwendig, experimentell die Auswirkung des Kopplungsloches und der Sonden auf die Frequenz zu bestimmen. Erste Messungen wurden mit drei Größen von Kopplungslöchern gemacht, die Sonden waren in jedem Falle so gut wie möglich in einer Ebene, um eine adäquate Anzeige zu geben. Die Resultate sind in Tab. 2

Tab. 2

| Mode | Größe des Kopplungsloches (in cm) | Eindringtiefe der Sonde (in cm) (mit dem Auge geschätzt) | Resonanzfrequenz (in MHz) |
|---|---|---|---|
| $E_{010}$ | 0,03 | < 0,01 | 3101,246 |
| | 0,07 | bündig | 3101,251 |
| | 0,16 | bündig | 3101,242 |
| $E_{011}$ | 0,03 | < 0,01 | 3563,798 |
| | 0,07 | bündig | 3563,787 |
| | 0,16 | bündig | 3563,71 |

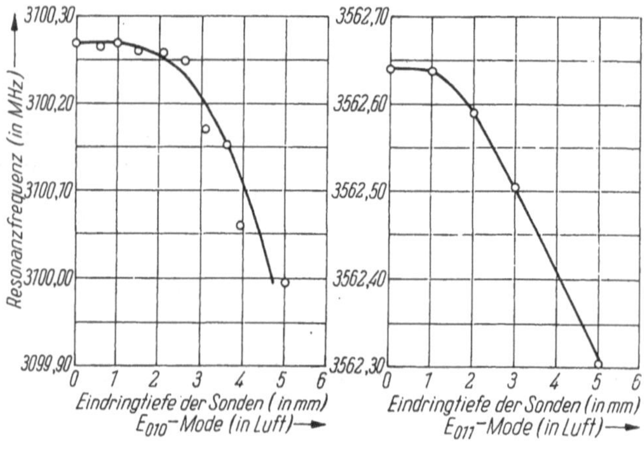


Abb. 2.3 und 2.4. Auswirkungen der Sondeneindringtiefe
Durchmesser der Löcher 0,03 cm, Durchmesser der Sonden 0,015 cm

angegeben. Es wurde aus diesen Ergebnissen geschlossen, daß die Auswirkung auf die Frequenz kleiner als 0,01 MHz war, d. h. kleiner als $3 \cdot 10^{-6}$.

Die Auswirkung der Sondeneindringtiefe ist in den Abbildungen 2.3 und 2.4 dargestellt; aus diesen Resultaten kann geschlossen werden, daß der Effekt der Sonden wieder kleiner als 0,01 MHz ist.

Das $Q$ des Resonators für die zwei Moden erreichte seinen maximalen Wert schon mit einer Kopplung, die beträchtlich enger als die war, die endgültig benutzt wurde. Die Werte sind 18000 bzw. 14000 für die Moden $E_{010}$ und $E_{011}$, verglichen mit den theoretischen Werten 21000 und 17600. Die Verhältnisse der experimentellen zu den theoretischen Werten sind so groß wie die, die normalerweise für Hohlraumresonatoren erreicht werden.

### *6.3. Endgültige Messungen*

Die Endresultate für die Geschwindigkeit beruhten auf einer Reihe von metrologischen Messungen, die zwischen zwei Reihen von elektrischen Messungen durchgeführt wurden. Die einzelnen Dimensionen sind in den Tabellen 3

Tab. 3. Durchmesser des Resonators, ausgedrückt als Abweichung von dem mittleren Wert von 7,39957 cm; Einheit 0,00001 cm (0,1 μm)

| Axiale Position der Messung von einem Ende (in cm) | Gemessener Durchmesser bei 20 °C in verschiedenen diametralen Ebenen 1 | 2 | 3 | 4 | 5 | 6 | 7 | 8 |
|---|---|---|---|---|---|---|---|---|
| 0,13 | −15 | − 6 | + 1 | + 1 | + 7 | + 3 | 0 | −10 |
| 1,3 | −20 | −11 | − 4 | − 2 | + 1 | + 2 | − 4 | −16 |
| 2,8 | −20 | −13 | −17 | − 2 | + 9 | + 7 | − 4 | −20 |
| 4,3 | −15 | − 9 | − 6 | + 3 | + 8 | +10 | − 3 | −14 |
| 5,8 | − 2 | + 6 | +13 | +13 | +27 | +24 | +13 | 0 |
| 7,3 | − 3 | − 3 | + 6 | +10 | +14 | + 9 | + 7 | 0 |
| 8,4 | + 7 | − 1 | + 5 | + 8 | +10 | + 8 | + 2 | + 9 |

und 4 angegeben. Es ist zu bemerken, daß der Zylinder leicht oval ist, die Differenz zwischen den maximalen und minimalen Durchmessern ist 2 μm ($3 \cdot 10^{-5}$). Da das Feld für die verwendeten Moden symmetrisch in bezug auf die Achse ist, wurde der effektive Durchmesser als Mittelwert genommen. Die Länge an der Innenkante des Zylinders war etwas größer als die an der Außenkante und schwankte stetig entlang des Umfanges um insgesamt 2,2 μm. Die effektive Länge wurde deshalb als Mittelwert an der Innenkante genommen.

Tab. 4. Länge des Resonators, ausgedrückt als Abweichung von 8,53637 cm (Mittelwert des Innnenkantenwertes); Einheit 0,00001 cm (0,1 μm)

| Position der Messung | Mittlere Länge bei 20 °C | | |
|---|---|---|---|
| | nahe der Innenkante | Mitte | nahe der Außenkante |
| 1 | − 8 | −13 | −16 |
| 2 | + 5 | + 2 | − 8 |
| 3 | + 9 | + 6 | + 1 |
| 4 | + 9 | + 9 | + 3 |
| 5 | + 7 | + 2 | − 3 |
| 6 | − 2 | − 5 | −12 |
| 7 | −13 | −14 | −17 |
| 8 | − 9 | −13 | −17 |

Tab. 5. Endergebnisse für die Resonanzfrequenzen der Moden $E_{010}$ und $E_{011}$ und die abgeleiteten Werte der Ausbreitungsgeschwindigkeit; Länge des Resonators (8,53637 ± 0,00008) cm, Durchmesser des Resonators (7,39957 ± 0,00003) cm

| Datum | Resonanzmode | Korrekturfaktor $(1 + 1/2Q)$ | Konstante $r$ | Gemessene Frequenz $f'_{lmn}$ (in MHz) | $v_0$ (in km/s) |
|---|---|---|---|---|---|
| 2. Okt. 1946 | $E_{010}$ | 1,000028 | 2,404825 | 3101,25 | 299793 |
| 2. Okt. 1946 | $E_{011}$ | 1,000035 | 2,404825 | 3563,80 | 299791 |
| 25. Okt. 1946 | $E_{010}$ | 1,000028 | 2,404825 | 3101,28 | 299796 |
| 25. Okt. 1946 | $E_{011}$ | 1,000035 | 2,404825 | 3563,77 | 299789 |

Mittlerer Wert der Geschwindigkeit 299792 km/s.

Die gemessenen Werte der Resonanzfrequenz und die Werte der Geschwindigkeit, die aus den Resonanzfrequenzen und den Dimensionen berechnet wurden, sind in Tab. 5 angegeben. Die Frequenzen wurden gemessen, indem die Minimumkopplungsbedingungen wie folgt angenommen wurden:

| | | |
|---|---|---|
| Größe des Kopplungsloches | . . . | 0,03 cm, |
| Durchmesser der Sonden | . . . | 0,015 cm, |
| Eindringtiefe der Sonden | . . | $<0{,}01$ cm. |

Die Resonanz wurde mit dem Spektralanalysator wie in 3.3. beschrieben nachgewiesen.

Die abgeschätzten maximalen Fehler auf Grund der verschiedenen Ursachen sind unten aufgeführt:

| | | |
|---|---|---|
| 1. | Einstellen der Resonanzfrequenz und Messung der Frequenz . . . . . . . . . . . . . . | $0{,}4 \cdot 10^{-5}$ |
| 2. | Unsicherheit der Temperatur des Resonators | $0{,}2 \cdot 10^{-5}$ |
| 3. | Dimensionsmessungen . . . . . . . . . . | $0{,}3 \cdot 10^{-5}$ |
| 4. | Resteffekte der Kopplungslöcher und Sonden | $0{,}6 \cdot 10^{-5}$ |
| 5. | Ungleichmäßigkeit des Resonators . . . . | $1{,}0 \cdot 10^{-5}$ |
| 6. | Unsicherheit von $Q$ . . . . . . . . . . . | $0{,}5 \cdot 10^{-5}$ |
| | Abgeschätzter maximaler Fehler . . . . . | $3 \cdot 10^{-5}$ |

Die zu den ersten drei Ursachen gehörenden Unsicherheiten können von der Genauigkeit der Wiederholung und einer Kenntnis der Bandbreite des Empfängers und der Frequenzstabilität des Oszillators bestimmt werden. Die Fehler auf Grund der anderen Quellen können nicht mit solcher Genauigkeit abgeschätzt werden. Der durch die Kopplung bedingte ist von den in 5.2. angegebenen Resultaten abgeleitet. Bezüglich der Ungleichmäßigkeit des Resonators kann den Tabellen 3 und 4 entnommen werden, daß die größten Abweichungen der Dimensionen vom Mittelwert $+2{,}7$ und $-2{,}0$ μm sind und daß die Variationen stetig verlaufen. Es ist deshalb abgeschätzt worden, daß die mittleren Dimensionen auf 0,5 μm genau bekannt sind. Vorhergehende Resultate (Essen, 1946), die mit wesentlich weniger gleichmäßigen Resonatoren erhalten wurden, unterstützen die Annahme, daß ein Mittelwert genommen werden kann, obwohl nicht angenommen werden darf, daß die Ungleichmäßigkeit der Dimensionen die verschiedenen Resonanzmoden in der gleichen Weise beeinflussen. Es wurde deshalb ein pauschaler Fehler von $1 \cdot 10^{-5}$ für diese Unsicherheiten angenommen.

Der Gesamtwert der Korrektur auf Grund des endlichen Widerstandes der Resonatorwände ist näherungsweise $3 \cdot 10^{-5}$. Eine Unsicherheit wird hineingebracht, weil in der Oberfläche des Resonators Unregelmäßigkeiten vorhanden sind und weil der genaue Weg des Stromes nicht bekannt ist. Es wurde angenommen, daß diese Effekte in einem gewissen Maße dadurch berücksichtigt werden können, daß der gemessene Wert von $Q$ in den Rechnungen benutzt wird. Der Wert von $Q$ ist auf etwa 5% genau, und der pauschale Fehler wurde zu $0{,}5 \cdot 10^{-5}$ abgeschätzt.

Die Ergebnisse vor und nach den metrologischen Messungen geben keine so gute Übereinstimmung, wie sie bei den vorbereitenden Messungen erreicht wurde, sicher wegen des Abmontierens und Wiederaufbauens des Resonators. Weil es aber wichtig ist, die Frequenzmessungen möglichst gleichzeitig mit den Messungen der Dimensionen durchzuführen, wurden die Werte akzeptiert, ihr Mittelwert wurde als Endergebnis genommen. Der Unterschied zwischen den Geschwindigkeitswerten für die beiden Moden ist auch wesentlich größer als erwartet. Die Unsicherheit in den Dimensionen kann dazu beigetragen haben, da die Länge und der Durchmesser die Resonanzfrequenzen in unterschiedlichem Maße beeinflussen, und die Fehler wegen der Kopplung und der Nichtgleichmäßigkeit können auch eine unterschiedliche Wirkung auf die beiden Moden haben.

Die oben beschriebene Arbeit wurde in der Radioabteilung des National Physical Laboratory als ein Teil des Programms des Radio Research Board begonnen und in der Elektrizitätsabteilung als Teil des Forschungsprogramms des National Physical Laboratory beendet. Die Arbeit ist mit Erlaubnis des Department of Scientific and Industrial Research veröffentlicht.

Die Autoren danken Herrn H. BARRELL von der Metrologieabteilung, der für die Messung der Resonatordimensionen verantwortlich war, und Herrn J. W. SIMMONS von der gleichen Abteilung, der für die Konstruktion des Resonators verantwortlich war.

*Literatur*

ANDERSON, W. C. (1941): J. opt. Soc. Amer. **31** (1941) 187.

BERNIER, J. (1946): Onde électr. **26** (1946) 305.

BIRGE, R. T. (1941): Physics **8** (1941) 90.

ESSEN, L. (1947): Nature [London] **159** (1947) 611.

ESSEN, L. (1946): J. Instn. electr. Engrs. **93** (1946), Teil IIIa, Nr. 9, 1413.

ESSEN, L., und A. C. GORDON-SMITH (1945): J. Instn. electr. Engrs. **92** (1945) 291.

JONES, F. E. (1947): J. Instn. electr. Engrs. **94** (1947), Teil III, 399.

MICHELSON, A. A., F. G. PEASE und F. PEARSON (1935): Astrophys. J. **82** (1935) 26.

ROSA, E. B., und N. E. DORSEY (1907): Bull. US Bur. Standards **3** (1907) 433.

SARBACHER, R. I., und W. A. EDSON (1943): Hyper- and Ultra-High Frequency Engineering. London 1943.

SMITH-ROSE, R. L. (1943): J. Instn. electr. Engrs. **90** (1943), Teil I, Nr. 25, 29.

SMITH, R. H., E. FRANKLIN und F. B. WHITING (1947): J. Instn. electr. Engrs. **94** (1947), Teil III, 391.

## 3. Eine Bestimmung der Lichtgeschwindigkeit*)

von

E. BERGSTRAND

*Einleitung*

FIZEAUS Methode der Bestimmung der Lichtgeschwindigkeit beruhte auf der Tatsache, daß ein Lichtsignal eine gewisse Zeit braucht, um eine bekannte Strecke zurück-

*) Arkiv för Fysik 2 (1950).

zulegen. Für geodätische Zwecke ist eine genaue Kenntnis der Lichtgeschwindigkeit deshalb von unmittelbarem Interesse, weil man mit bekannter Lichtgeschwindigkeit durch Umkehrung des Prinzips von FIZEAU eine Entfernung bestimmen kann. Anstelle des Lichtes können genauso gut auch Radarimpulse in Betracht gezogen werden. Es gibt keinen Grund anzunehmen, daß im Vakuum die Geschwindigkeit des Lichtes von der der Radarimpulse verschieden ist. Für eine genaue Bestimmung werden Lichtsignale bevorzugt, die wenig gestreut und gebeugt werden.

1941 begann der Autor mit Hilfe eines Stipendiums von der Längman-Stiftung einige Vorversuche bezüglich des FIZEAUschen Prinzips am Nobel-Institut für Physik. Die Experimente wurden an dem Institut mit Beihilfen des Schwedischen Staatsrates für Technische Forschung fortgesetzt, und 1947 resultierten sie in einer Apparatur zur „Messung von Entfernungen mit Hilfe von Hochfrequenz-Lichtsignalen" [18][1]). Versuche wurden bei Lovö in der Nähe von Stockholm durchgeführt. Sie waren so vielversprechend, daß der Geographische Dienst und die Gasaccumulator Co. Ltd (AGA) zusammen Geld für eine neue, technisch verbesserte und stabilere Apparatur zur Verfügung stellten. Sie wurde von der AGA gebaut und enthielt eine Reihe von Teilen der alten. Im Herbst 1948 wurde eine „Vorläufige Bestimmung der Lichtgeschwindigkeit" [14] mit dem noch nicht ganz vollständigen AGA-Modell, dem „Geodimeter", durchgeführt. Während des Winters 1948/1949 wurde das Geodimeter fertig. Die unten beschriebenen Geschwindigkeitsmessungen wurden im Frühling und Herbst 1949 in der Nähe von Enköping an der 7-km-Basislinie des Geographischen Dienstes ausgeführt. Im August wurden in Norrland Entfernungsmessungen vorgenommen.

---

[1]) Literatur auf S. 179.

*Allgemeine Beschreibung der Apparatur und ihrer Benutzung*

Die Abbildungen 3.1 und 3.2 zeigen die Hauptteile des Geodimeters und ihre Funktion.

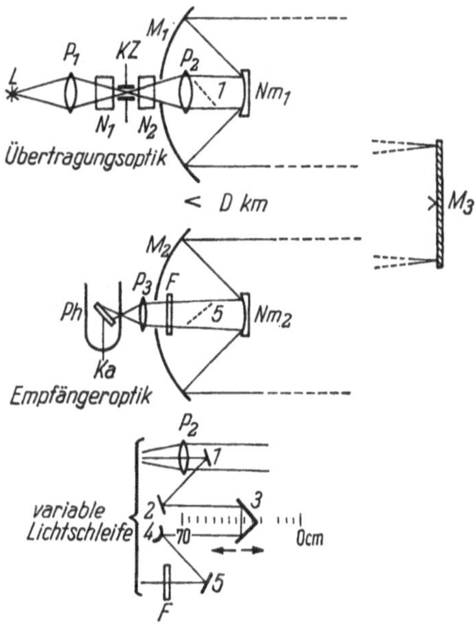


Abb. 3.1

Durch eine Linse $P_1$ wird das Bild einer kleinen Lichtquelle $L$ zwischen die Platten einer KERR-Zelle $KZ$ projiziert, die sich zwischen zwei gekreuzten NICOL-Prismen $N_1$ und $N_2$ befindet. Hinter dem Prisma $N_2$ hängt die Intensität des Lichtes von der Spannung zwischen den Platten in Übereinstimmung mit der Gleichung

$$J = J_0 \sin^2 k V^2 \tag{1}$$

ab; dabei sind $J$ die Intensität, $J_0$ und $k$ Konstanten, $V$ die Potentialdifferenz zwischen den Platten. Die Intensität des Lichtes als Funktion der Spannung ist in Abb. 3.3 dargestellt. Zwischen $a$ und $b$ ist die Kurve fast gerade. Wenn an die Zelle eine konstante Vorspannung zwischen

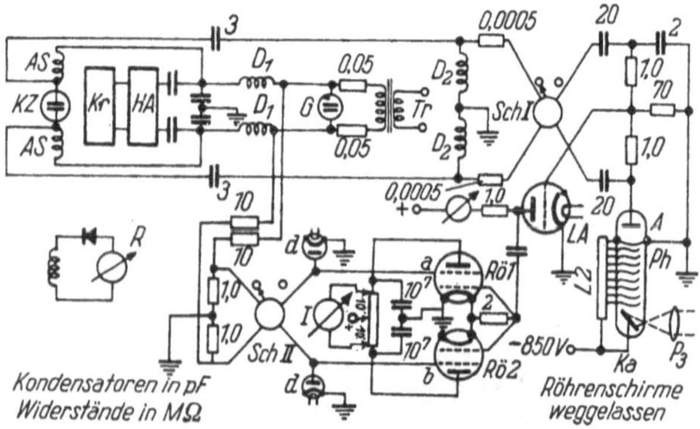


Abb. 3.2

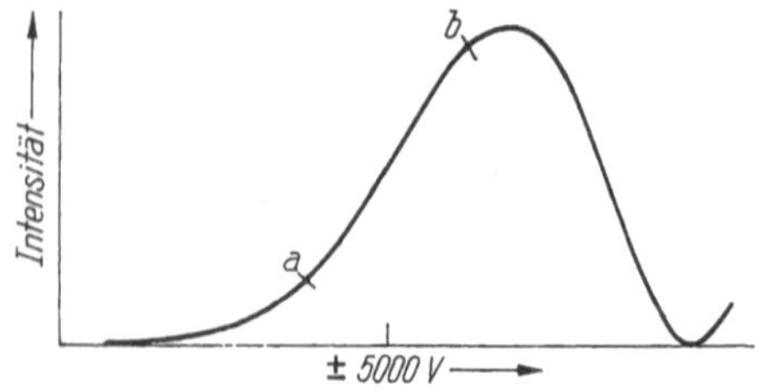


Abb. 3.3

diesen Werten gelegt und eine Wechselspannung von begrenzter Amplitude überlagert wird, ist die Intensitätskurve des Lichtes fast identisch mit der der Wechselspannung, wobei die konstante Lichtintensität addiert werden muß, die von der Vorspannung abhängt. Durch die Abstimmungsspulen *AS* (Abb. 3.2) und den Verstärker *HA* werden die Platten von *KZ* mit einer Hochfrequenzspannung von dem Kristalloszillator *Kr* gespeist. Die Amplitude ist 2000 V und die Frequenz 8,33 MHz. Anstelle der konstanten Vorspannung kann eine 50-Hz-Wechselspannung mit einer Amplitude von 5000 V benutzt werden. Wenn die 50-Hz-Schwingungskurve eine rechteckige Gestalt hat (⊓⊔⊓⊔⊓), sind die besten Bedingungen vorhanden. Das Resultat ist eine vollständig konstante Spannung in der Mitte zwischen *a* und *b*, und diese Spannung ändert ihr Vorzeichen 100mal in der Sekunde. Eine hinreichend gute Rechteckform erhält man mit einer Kette von Neonröhren *G* und Widerständen 0,05 MΩ an der zweiten Spule des Transformators *Tr*. So werden die Spitzen der Sinusspannung abgeschnitten. Die Spulen *D* (Drosseln) verhindern das Kurzschließen der Hochfrequenzspannung. Aus der Größe der Amplituden und Abb. 3.3 ersieht man, daß die Hochfrequenzschwingungen ihre Phase gleichzeitig mit der Vorzeichenänderung der *KZ*-Pole ändern. Wegen der Speisung von *Tr* findet das 100mal pro Sekunde statt.

Die Übertragungsoptik in Abb. 3.1 projiziert das Bild von *L* zu dem entfernten Gebiet, wo der ebene Spiegel $M_3$ aufgestellt ist. $M_3$ reflektiert das Licht direkt zurück; so fällt ein kleiner Teil des Lichtes von *L* auf die Empfangsoptik, wo er von der Photoröhre *Ph* absorbiert wird. *Ph* ist eine Photovervielfacherzelle, die mit einer Hochfrequenzspannung durch eine Abzweigung von der Leitung zu *KZ* gespeist wird (Abb. 3.2). Die kleinen Kondensatoren 3 und die HF-Drosseln $D_2$ halten die 50-Hz-Spannung von der Photoröhre fern. Die Widerstände *1*, die Kondensatoren *2* und die Anodenkapazität der Zelle bilden eine Brücke, die die Hochfrequenzspannung von dem Verstärker *LA* abhalten. Die Phase der Hochfrequenzspannung kann mit Hilfe des Polschalters *SchI* geändert werden.

Wegen des Anteils der Speisespannung, der in Phase mit den ankommenden Lichtschwingungen ist, wird der Photostrom Anlaß zu einer Reihe von mehr oder weniger stark gleichgerichteten 50-Hz-Spannungsimpulsen im

Widerstand *70* geben. Diese Impulse haben untereinander verschiedene Größen, je nachdem, ob das eintreffende Licht während der negativen oder positiven Halbperiode des 50-Hz-Polwechsels emittiert wurde, denn in den zwei Reihen von Halbperioden haben die Lichtschwingungen natürlich entgegengesetzte Phasen. Die Spannungsimpulse werden durch *LA* verstärkt und dann auf die Steuergitter der Röhren *1* und *2* gegeben. Über die Widerstände *10* und die Dioden *d* werden die Bremsgitter (*a* und *b*) von *1* und *2* mit einer 50-Hz-Spannung von *Tr* so gespeist, daß *a* eine normale Arbeitsspannung zu der Zeit hat, wo *b* eine stark negative Spannung hat und umgekehrt. Die Röhre *1* läßt also nur die eine Reihe von Spannungsimpulsen infolge des Lichtes durch, das ausgestrahlt wird, wenn die Pole von *KZ* ein bestimmtes Vorzeichen haben. Die Röhre *2* läßt die zweite Reihe von Spannungsimpulsen durch. Wenn das ölgedämpfte (10 s) Gleichstrom-Mikroamperemeter *I* keinen Ausschlag zeigt, haben die beiden Impulsreihen die gleiche Stärke, oder wenn alle Einstellungen nicht ganz korrekt sind, wird eine Stromdifferenz erhalten, die gleich der ist, wenn der Spiegel $M_3$ abgedeckt ist. Dieser Zustand regelt den Nullausschlag. Wegen der vorhandenen Frequenz von 8,332 MHz zeigt *I* einen Nullausschlag bei jedem Zuwachs von 9 m in der Entfernung von $M_3$. Unter Benutzung von Gleichungen können wir folgenden Überblick geben:

Es wird angenommen, daß die Hochfrequenzspannung an den Platten der Kerr-Zelle folgender Gleichung genügt:

$$V = a \sin \omega t; \tag{2}$$

$a$ = Amplitude, $\omega = 2\pi n$ mit $n$ = Frequenz, $t$ = Zeit.

Es vergeht die Zeit $t_1$, um $V$ in Lichtschwingungen außerhalb des Prismas $N_2$ zu transformieren. Wenn wir $a$–$b$ in Abb. 3.3 als Gerade ansehen, können wir die

Lichtintensität durch

$$J_{50^+} = C_1 + C_2 \sin \omega (t - t_1), \tag{3a}$$

$$J_{50^-} = C_1 + C_2 \sin [\omega (t - t_1) + \pi] \tag{3b}$$

ausdrücken. $50^+$ und $50^-$ zeigen an, daß das Licht während der positiven oder negativen Halbperioden der 50-Hz-Spannung emittiert wurde. $C_1$ ist die konstante Intensität und $C_2$ die Amplitude der Schwingungen. Der Winkel $\pi$ in (3b) kommt vom Polwechsel.

Wenn das Licht die Entfernung $D$ zum Spiegel $M_3$ und zurück zurückgelegt hat, wird es oder ein Teil von ihm durch die Photoröhre absorbiert. Während der positiven Hochfrequenz-Halbperioden erhalten wir Strom von der Anode. Wenn wir frühe Sättigung annehmen, erhalten wir den Photostrom

$$i_{50^+} = \frac{1}{2} n \int_{t_3}^{t_3+\frac{1}{2n}} \left[ A + B \sin \omega \left( t - t_1 - t_2 - \frac{2D}{c} \right) \right] \mathrm{d}t, \tag{4a}$$

$$i_{50^-} = \frac{1}{2} n \int_{t_3}^{t_3+\frac{1}{2n}} \left[ A + B \sin \left( \omega \left( t - t_1 - t_2 - \frac{2D}{c} \right) + \pi \right) \right] \mathrm{d}t. \tag{4b}$$

$A$ und $B$ entsprechen $C_1$ und $C_2$ aus Gleichung (3). In der Zeitgröße $2D/c$ ($c$ = Lichtgeschwindigkeit) ist $2D$ die Gesamtentfernung vom Prisma $N_2$ (oder, exakter, von dem Punkt, von wo $t_1$ in Gleichung (3) an gerechnet wurde) zum Spiegel $M_3$ und zurück. Es wird angenommen, daß die Katode von *Ph* hier ist. $t_2$ ist praktisch die Laufzeit der Photoelektronen ($2{,}4 \cdot 10^{-8}$ s) von der Katode zur Anode. Man kann annehmen, daß in $t_2$ auch eine weitere kleine Zeit enthalten ist, die davon herrührt, daß sich die Katode nicht am Ende der Entfernung $2D$ befindet. Die Summation in Gleichung (4) wurde für eine positive Hochfrequenz-Halbperiode durchgeführt, die bei $t_3$ beginnt und bei $t_3 + 1/2n$ endet; $t_3$ ist die Zeit für den

Übergang der Spannung von den KERR-Platten zur Photoanode, und $n$ ist die Frequenz. Die Ladung pro Sekunde oder den Strom erhält man, indem man die Zahl der Halbperioden in einer Sekunde $50^+$ bzw. $50^-$ mit $n/2$ multipliziert.

Die zwei Ströme $i_{50^+}$ und $i_{50^-}$ haben entgegengesetzten Einfluß auf das Instrument $I$, auf dem deshalb eine Auslenkung proportional der Stromdifferenz angezeigt wird. Aus Gleichung (4) erhalten wir

$$i = i_{50^+} - i_{50^-} = \frac{B}{\pi} \cos \omega \left(t_3 - t_1 - t_2 - \frac{2D}{c}\right). \tag{5}$$

Der Strom $i$ wird dann verschwinden, wenn die $D$-Werte folgende Bedingung erfüllen:

$$\omega \left(t_3 - t_1 - t_2 - \frac{2D}{c}\right) = \frac{\pi}{2} - N\pi, \tag{6}$$

wobei $N$ eine ganze Zahl ist. Mit $\omega = 2\pi n$ und $c = \lambda n$ ($\lambda$ ist die Wellenlänge) erhalten wir[1]):

$$D = \frac{n}{2}\,(t_3 - t_1 - t_2)\lambda + \frac{2N-1}{\gamma}\,\lambda \tag{7}$$

oder

$$D = K + \frac{2N-1}{\gamma}\,\lambda, \tag{8}$$

wobei $K$ eine Konstante ist.

$D$ sind die Abstände zu dem ebenen Spiegel. Wenn eine Differenz zwischen zwei $D$ vorliegt, wird $K$ eliminiert, und wir erhalten:

$$D_N = N\,\frac{\lambda}{4}. \tag{9}$$

---

[1]) Mr. J. CLENDINNING (private Mitteilung) hat, ohne irgendwelche einschränkenden Annahmen über die Amplituden und die Rechteckigkeit zu machen, die allgemeine Gültigkeit der Gl. (7) bewiesen, indem er die gesamte angelegte Spannung anstelle von $V$ in Gl. (1) einsetzte. Nach der Entwicklung erhielt er Gl. (5) in einer Form, die nur Glieder der Gestalt $R \cos p\omega(t_3 - t_1 - t_2 - 2D/c)$ enthielt. Dabei sind $R$ eine numerische Konstante und $p$ eine ganze ungerade Zahl.

Wenn $D_N$ bekannt ist, erhalten wir $\lambda$. $N$ ist einfach aus Näherungswerten zu bestimmen. Wenn die $\lambda$ entsprechende Frequenz $n$ bekannt ist, erhalten wir die Geschwindigkeit in Luft aus:

$$c_{\text{Luft}} = n\lambda. \tag{10}$$

Die wirkliche Frequenz von 8,332 MHz entspricht $\lambda = 36{,}0$ m.

In der Praxis wird der entfernte Spiegel dicht an einen Nullpunkt (wie er von-dem Mikroamperemeter abgelesen

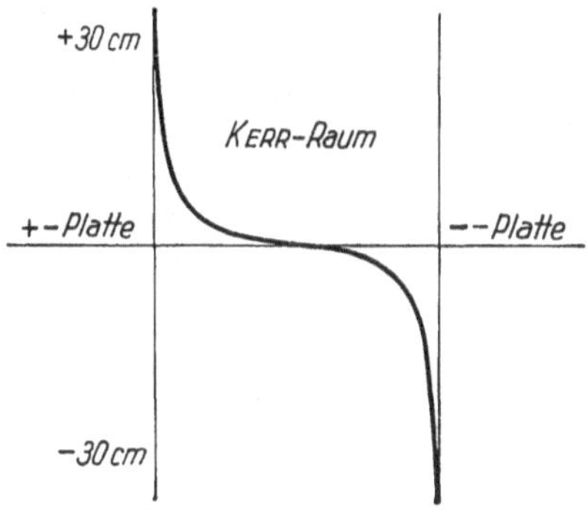


Abb. 3.4

wird) aufgestellt. Die konstante Kristallfrequenz wird um einen kleinen ($< 0{,}1$‰) definierten Betrag so geändert, daß eine Nullauslenkung erreicht wird.

Diese einzelne Ablesung ist durch einen unbekannten systematischen Fehler beeinträchtigt, der von der Stellung des Spiegels $M_3$ im Bild der Lichtquelle abhängt. Verschiedene Teile des Bildes haben unterschiedliche Intensitäten, die von dem Teil abhängen, von dem das Licht im Raum zwischen den KERR-Platten ausgeht. In Abb. 3.4 ist dargestellt, in welcher Weise sich die der Intensitätsvariation entsprechende Änderung in der Entfernung von der positiven zur negativen KERR-Platte ändert.

Die Kurve ergab sich, indem ein sehr kleiner Spiegel in verschiedene Teile des Bildes in einer entsprechenden Entfernung $D$ gesetzt wurde.

Der Fehler wird durch eine Änderung der Pole nicht eliminiert, weil die Phasen der Röhren *Rö 1* und *Rö 2* (Abb. 3.2) gleichzeitig wechseln. Wir erhalten aber zwei Entfernungen $D$, wenn die Drähte zu den KERR-Platten verschoben werden, und wenn wir den Mittelwert nehmen, erhalten wir wegen der Inversionssymmetrie der Kurve in Abb. 3.4 einen korrekten Wert. Auf diese Weise wird der Fehler eliminiert. Anstelle eines Schalters an den Hochspannungspolen der KERR-Zelle werden zwei Schalter *Sch I* und *Sch II* für niedrige Spannungen eingesetzt, einer im Hochfrequenz-Speisekreis der Photozelle und der zweite im 50-Hz-Kreis der Gitter $a$ und $b$ (Abb. 3.2). Deshalb wird eine Entfernung $D$ als Mittelwert von vier Messungen bestimmt, entsprechend den vier möglichen Kombinationen der Schalter *Sch I* und *Sch II*.

Um die Differenz von 2 $D$-Werten nach der Gleichung (9) zu erhalten, können wir auch den ebenen Spiegel in einer relativ kleinen Entfernung aufstellen. In diesem Fall kann die Einstellung nicht durch eine Frequenzänderung beeinflußt werden, weil die notwendigen Änderungen zu groß sein würden. Statt dessen wird ein beweglicher Spiegel bei $D = 90$ m verwendet. Da der Spiegel konvex ist, ist das Bild des Geodimeters äquivalent dem des entfernten Spiegels.

Wenn $K$ in Gleichung (8) wirklich eine Konstante wäre, könnte $K$ ein für allemal bestimmt werden. $K$ änderte sich aber etwas mit $t_1$, $t_2$ und $t_3$. Die Variation war normalerweise kleiner als 2 cm. Trotzdem mußte sie bei jeder einzelnen Messung bestimmt werden. Es ist schwierig, eine plötzliche Änderung von $D = 90$ m auf $D = 7000$ m zu machen. Deshalb wurde die Entfernung $D = 90$ m benutzt, um eine kleine Lichtschleife zu eichen, die kontinuierlich variabel ist und den ersten Nullpunkt enthält, wo $N = 1$ [Gl. (8)] und $D = 1$ m ist. In Abb. 3.1 sehen wir die Anordnung der variablen Schleife. Die

Widerstände 0,0005 MΩ in Abb. 3.2 bewirken einen entsprechenden Anstieg von $t_2$ und damit von $K$ [Gl. (8)]. So wird der Nullpunkt etwa in die Mitte der variablen Schleife gebracht. Anders als das von dem entfernten Spiegel kommende Licht wird das Licht, das die Schleife durchläuft, von allen Teilen der Lichtquelle ausgestrahlt. Die zwei Lichtwege sind nur dann völlig vergleichbar, wenn die Inversionssymmetrie der Kurve in Abb. 3.4 absolut ist. Wir verlassen uns darauf nicht völlig und teilen die Schleife durch Messungen bei $D = 90$ m ein; wir können das so machen, weil eine Änderung von $K$ den gleichen Effekt in der Schleife wie im 90-m-Weg haben wird. In allen Messungen ist der Wert von $D$ ein Mittelwert von vier Bestimmungen, wie oben erwähnt wurde. Ein solcher Mittelwert zeigte keine spürbare Änderung, wenn das benutzte Licht von der Mitte oder der einen oder anderen Hälfte des Raumes zwischen den KERR-Platten kam. Deshalb braucht die Lage des Bildes von $L$ zwischen den KERR-Platten nicht exakt zu sein, und die Inversionssymmetrie der Kurve in Abb. 3.4 scheint sehr gut zu sein.

Die verschiedenen Teile des Geodimeters werden nun etwas ausführlicher beschrieben.

## *Ausführliche Beschreibung*

### *Optik*

*Die Lichtquelle* $L$ (Abb. 3.1) ist ein weißglühender Spiraldraht einer Luma-Projektionslampe T 5, 6 V, 5 A mit den Abmessungen 2 mm × 2 mm. Die Position des Halters ist verstellbar. Eine einzelne Sammellinse $P_1$ ist in die Mitte zwischen $L$ und dem Bild von $L$ zwischen den KERR-Platten gestellt. Der Abstand Objekt—Bild ist 22 cm. $N_1$ und $N_2$ sind normale NICOL-Prismen. Die Linse $P_2$ ist eine Sammellinse mit einer Brennweite von 20 cm. Die Plankonkavlinsen $Nm_1$ und $Nm_2$ mit einer

Brennweite von —12 cm sind auf ihrer ebenen Seite versilbert und vertikal und horizontal verstellbar. Die Spiegel $M_1$ und $M_2$ sind exakt sphärisch mit einem Durchmesser von 46 cm und einer Brennweite von 75 cm. Sie sind von Arenco Ltd. sehr genau gearbeitet (± 20″). Die Versilberung der Vorderfläche geschah durch Aufdampfen („Vacuum-Metall"). Die sphärische Aberration von $M$ und $Nm$ ist die gleiche, aber das Vorzeichen ist umgekehrt. Da nur gelbes Licht verwendet wurde, ist die chromatische Aberration unbedeutend. Die Sammellinse $P_3$ hat eine Brennweite von 2,5 cm. Sie projiziert ein Bild von einigen 10 mm Breite in die Apertur der Lichtschutzhülle der Photoröhre. Vor $P_3$ ist ein Grün-Gelb-Filter $F$ gestellt. Es besteht aus je einem normalen photographischen Gelb- und Grün-Filter.

*Der ebene Spiegel* $M_3$ ist vertikal und horizontal verstellbar. Sein Durchmesser beträgt 33 cm. Die reflektierende Oberfläche wurde durch Verdampfen von Aluminium hergestellt (AGA). Um den Spiegel auszurichten, wurde ein Fernglas mit einem Fadenkreuz benutzt. Der Krümmungsradius des Spiegels wird wahrscheinlich größer als 5 km sein. Der Konvexspiegel $Cm$ der 90-m-Messungen (Abb. 3.10) hat einen Krümmungsradius von 0,5 m. Der Spiegel ist entlang einer Schiene über eine 50-cm-Skala $S_2$ beweglich.

Die variable Schleife ist in Abb. 3.1 dargestellt. Die kleinen ebenen Spiegel *1*, *2* und *5* und ein Konvexspiegel *4* (mit 6 cm Radius) sind fest. Der Winkelspiegel *3* ist auf einem Stab beweglich, der mit einer 0···70-cm-Skala $S_1$ versehen ist. *1* und *5* können zur Seite geschoben werden, wenn die normalen Messungen durchgeführt werden. Da *4* konvex ist, erreicht eine entsprechende Lichtmenge die Photokatode.

*Die* Kerr-*Zelle* (1) *KZ* (Abb. 3.5) hat runde Elektroden aus nichtrostendem Stahl. Sie haben einen Durchmesser von 8 mm, der Abstand zwischen ihnen ist 2 mm. Von Freiberger & Andrae wurden der Glasbehälter aus einem Stück hergestellt und die Elektroden festgemacht. Die

Flüssigkeit ist Nitrobenzol, das durch dreistündiges Schütteln mit der gewichtsgleichen Menge von Aluminiumoxid, dreifacher Destillation in Vakuum (Retorte und Auffänger in einem Stück), das erste und das letzte Drittel des Destillats wurden jedesmal ausgesondert, und schließlich durch eine einstündige Hochspannungselektrolyse gereinigt wurde. Um die absorbierte Luft zu entfernen, wurde das Nitrobenzol vor jeder Destillation im Vakuum geschüttelt. Es waren spezielle Vorkehrungen

Abb. 3.5

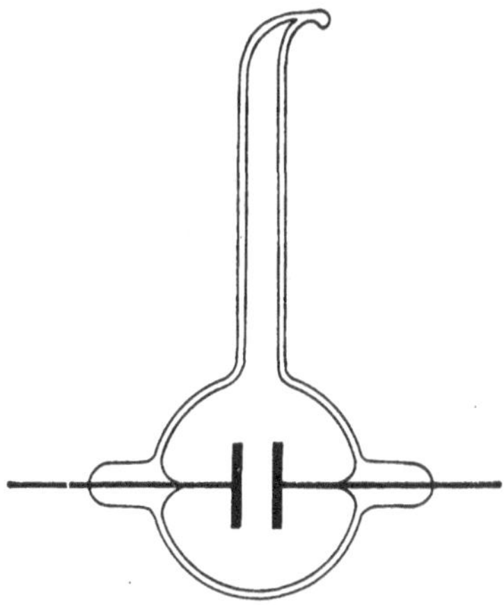

notwendig, um die Luft während des ganzen Reinigungsprozesses aus dem Nitrobenzol herauszuhalten. Nach dem Füllen wurde die Kerr-Zelle zugeschmolzen.

Mit einer Spannung von 5000 V und 50 Hz und einer 2000-V-Hochfrequenzspannung (8 MHz) wird die Temperatur der Zelle um etwa 60 °C gegenüber ihrer Umgebung ansteigen. Ein kleines Gebläse reduziert diese Temperatur auf 20 °C. Nachdem die Zelle 300 h in Betrieb war, wurden keine spürbaren Änderungen in der Zelle festgestellt.

Die effektive Wellenlänge des benutzten Lichtes richtet sich hauptsächlich nach dem Filter, der Durchlässigkeit des Nitrobenzols und der Empfindlichkeit der Photoröhre. Die folgende Bestimmung wurde durchgeführt: Ein Spalt wurde außerhalb der KERR-Zelle aufgestellt; mit einer minimalen Ablenkung ging das Licht durch ein Kronglasprisma und eine Projektionslinse. Aus dem entstehenden Spektrum wurden mit Hilfe eines engen Spaltes verschiedene Teile ausgeblendet. Nachdem dieses ausgeblendete Licht durch das Filter $F$ gegangen war, wurde es von der Photozelle absorbiert, und der

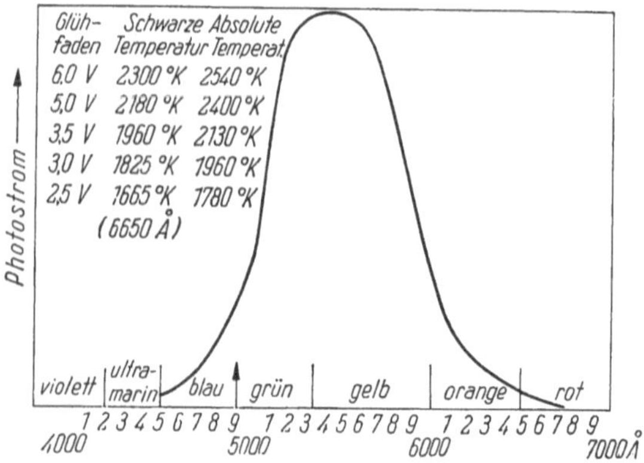


Abb. 3.6

Photostrom wurde gemessen. Mit 5 V an der Lampe $L$ und normalen Betriebsspannungen an der KERR-Zelle erhielt man die in Abb. 3.6 dargestellte Empfindlichkeitskurve. Die Kurve wurde in bezug auf die Wellenlängenabhängigkeit der Dispersion korrigiert. Die Farbe wurde mit dem bloßen Auge beurteilt. Da die Bewegungen des Spaltes über das Spektrum in gleichen Stufen erfolgte, kann die angepaßte und korrigierte Farbskala als ganzes um nicht mehr als 50 Å verschoben worden sein. Wenn wir beachten, daß der Brechungsindex die Änderung der Lichtgeschwindigkeit im Vakuum im Vergleich zu der in Luft angibt und daß der erwähnte Index einen Term

$B/\lambda^2$ ($\lambda$ = Wellenlänge) enthält, erhalten wir aus der Kurve einen effektiven Brechungsindex, der der Wellenlänge 5440 Å bei 5 V an der Lampe entspricht. Wenn man die gewöhnliche Temperatur von 2540 °K bei 6 V (von dem Hersteller) kennt, kann man die schwarze Temperatur für diese und andere Spannungen aus den üblichen Tabellen entnehmen. Während der Messungen war die Lampenspannung gewöhnlich 2,8 ··· 3,5 V. Nach einer Tabelle von PIRANI bedeutet das 1900 ··· 2130 °K oder 1770 ··· 1960 °K schwarze Temperatur. Mit dem WIENschen Strahlungsgesetz kann die in Abb. 3.6 dargestellte Kurve auf eine schwarze Temperatur von 1770 °K transformiert werden, das entspricht einer Spannung von 2,8 V am Glühfaden. Die effektive Wellenlänge war dann 5570 Å. In Anbetracht der blauen Absorption der Luft und der Tatsache, daß diese Absorption proportional größer war, wenn höhere Glühfadenspannungen als 2,8 V benutzt wurden, wurde durchweg eine Brechzahl verwendet, die 5600 Å entspricht.

*Der Kristalloszillator mit Verstärker*

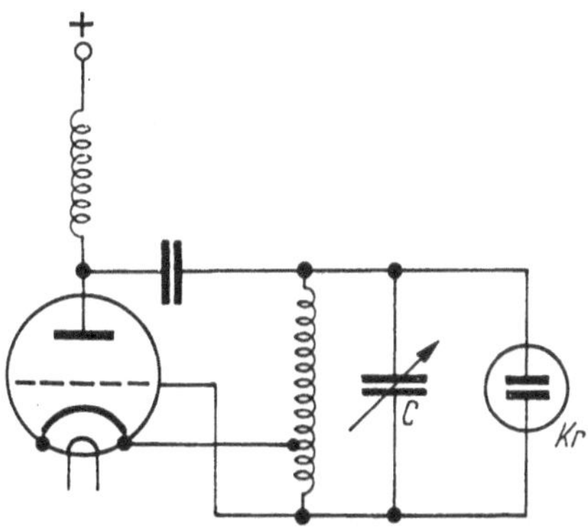


Abb. 3.7

Der Kreis des Kristalloszillators ist in Abb. 3.7 gezeigt. Durch den Drehkondensator *C* kann die Frequenz variiert werden. *Kr* ist der Kristall. Abb. 3.8 zeigt die

Frequenz als Funktion der Kapazität von $C$. Der Kristall selbst ist ein älterer Typ, er wird zwischen ebenen Messingelektroden gehalten. Die Schutzhülle aus Aluminium enthält ein Kontaktthermometer und einen Heizdraht. Die ganze Vorrichtung bildet so einen Thermostaten. Die Frequenz nimmt unter Betriebsbedingungen stetig zu. Der Zuwachs scheint von der erwarteten

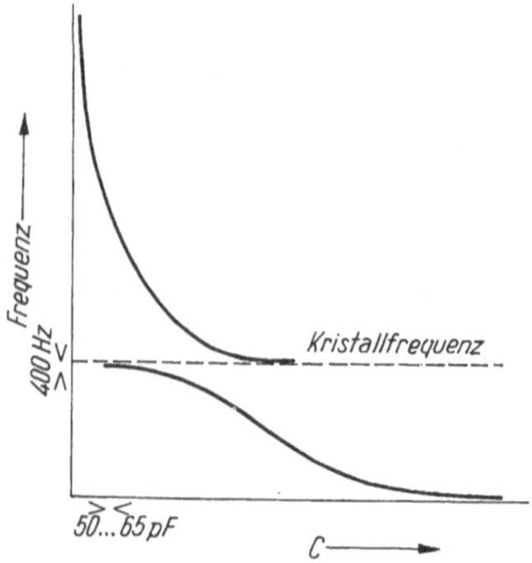


Abb. 3.8

Größenordnung zu sein. Während jeder Meßnacht wurde die Frequenz durch drahtlose Übertragung zu der Prüfstation des Telegraphendienstes nachgeprüft.

Die Kapazität von $C$ habe größere Werte, der Kristall kühlt sich dann wegen der losen Kopplung ab. Die Konsequenz ist ein Abfallen der Frequenz. Deshalb wurde $C$ innerhalb vernünftiger Grenzen festgehalten. Die erste Stunde nach Beginn war die Zunahme der Frequenz beträchtlich, deshalb sind die Messungen während dieser Periode unsicher.

In Tab. I (S. 172) sind alle Frequenzprüfungen für verschiedene Werte auf der Skala von $C$ angegeben. Eine Arbeitskurve (Abb. 3.9) der Frequenz, die von der $C$-Skala abhängt, wurde nach Tab. I gezeichnet, nachdem eine Parallelreduktion aller Werte auf 8332230 Hz („Basisfrequenz“) bei $C = 4{,}7$ durchgeführt wurde. Aus der Tabelle kann kein Einwand gegen solch eine Reduktion gefunden werden, er ist auch nicht innerhalb des begrenzten Frequenzintervalls von 400 Hz, wo die Messungen durchgeführt wurden, zu erwarten. Die Kapazität des Kreises wurde deshalb von 50 auf 65 pF geändert.

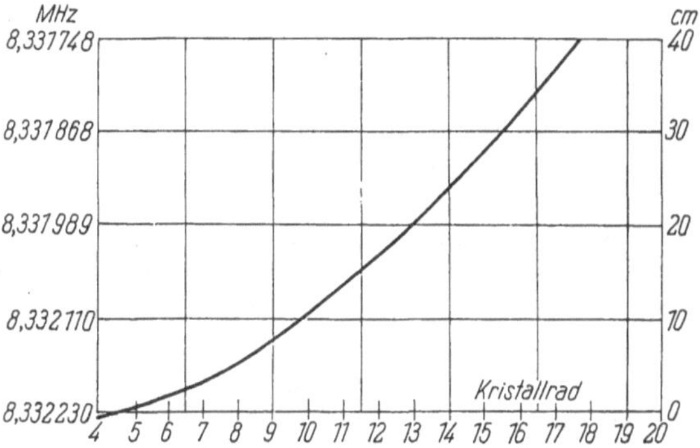


Abb. 3.9

Anschließend an den Quarzoszillator befindet sich ein HF-Verstärker *HA* (Abb. 3.2) mit drei Stufen, die beiden letzten haben gegentaktgesteuerte Röhren. Wie der Abb. 3.2 entnommen werden kann, kommen die Drähte von *HA* direkt von den gedrosselten Anoden der Leistungsröhre, deren HF-Leistung etwa 40 W beträgt.

*Der Abgleichkreis*

Der 70-MΩ-Widerstand der Photoanode ist gleichzeitig der Gitterwiderstand einer Niederfrequenz-Verstärkerröhre *LA* (Abb. 3.2) vor dem spezifischen Abgleichkreis. Um den Spannungsabfall auf Grund der Gleichstromkomponente des Photostromes zu kompensieren, gibt es die Möglichkeit, die Spannung an dem geerdeten Ende des Widerstandes zu verändern. Die zwei Röhren *Rö 1* und *Rö 2* des Abgleichkreises sind steil, Philips EF 50. Sie sind so gut wie möglich elektrisch gleich gewählt. Durch Variation der Schirmgitterspannung und entsprechende Lagen der Kontakte des Potentiometers, 0,01—0,01, bewirken *Rö 1* und *Rö 2* gleiche Veränderungen in ihren Anodenströmen bis zu einer bestimmten Änderung der Spannung an ihren gemeinsamen Steuergittern. Die Bremsgitter, die nach Abb. 3.2 von *Tr* mit einer 50-Hz-Spannung versorgt werden, sind direkt mit einer Diode verbunden, um eine normale Arbeitsspannung während der positiven 50-Hz-Halbperioden zu sichern. Die Anoden von *Rö 1* und *Rö 2* sind über 10-μF-Blockkondensatoren geerdet.

Das Mikroamperemeter *I* gibt einen vollen Ausschlag von 60 μA. Der Instrumentenkasten ist mit Paraffinöl gefüllt, um die Dämpfungseffekte zu erhöhen (10 s).

Die Arbeitsspannungen sind durch Neonröhren geglättet. Quer zu der Sekundärspule des Glühdrahttransformators ist ein Potentiometer mit einer beweglichen Erdleitung geschaltet.

### *Die Photoröhre (RCA 1P21)*

Die Photoröhre (Abb. 3.2) ist in einen lichtundurchlässigen geerdeten Messingbehälter eingeschlossen. Die neunte (letzte) Elektrode ist geerdet. Von der Katode beginnend, wird die Spannung allmählich (durch ein Potentiometer) auf —850 V gesteigert. Die Spannung ist durch Neonröhren stabilisiert. Die Anode wird mit einer Hochfrequenzspannung versorgt, wie oben beschrieben wurde.

### *Abhängigkeit von den Betriebsbedingungen*

Die Abstände zu den aufeinanderfolgenden Nullpunkten [Gl. (8)] nehmen bei 1% Zuwachs in der Versorgungsspannung (schnellere Photoelektronen) um 5 mm zu. Diese Verschiebungen sind die häufigsten unter denen, die durch die Ablesungen auf $S_1$ kompensiert werden müssen. Die HF-Amplitude, die mit der Hand geregelt wird, hat auch einen leichten Einfluß auf die Nullpunkte. 1% Zuwachs in der Amplitude verkürzt die Abstände zu den Nullpunkten um 0,6 mm.

Eine Änderung von 500% in der Intensität des empfangenen Lichtes hat keinen spürbaren Einfluß auf die Positionen der Nullpunkte.

*Instrumente und Kontrollen*

1. Das Nullinstrument *I* wurde schon in „Der Abgleichkreis" erwähnt.
2. Voltmeter für die Versorgungsspannung.
3. Voltmeter für die Lampe *L*.
4. Bedienungsknopf für den Rheostaten von *L*.
5. Bedienungsknopf einer drehbaren Kupferscheibe in der Abstimmspule der Kerr-Zelle, um die Resonanzänderung zu kompensieren, die durch die Kapazitätsabnahme der erwärmten Zelle verursacht wird. Die Dielektrizitätskonstante von Nitrobenzol nimmt ab.
6. Bedienungsknopf eines Rheostaten im Schirmkreis der HF-Leistungsröhre, wodurch die HF-Amplitude konstant gehalten wird, wenn die Schwankungen in der Versorgungsspannung beträchtlich werden.
7. Mikroamperemeter eines kleinen Kristallempfängers *R* (Abb. 3.2), das die HF-Amplitude und die Resonanz des Kerr-Zellen-Kreises anzeigt.
8. Frequenzrad des Kristalloszillators.
9. Mikroamperemeter im Anodenkreis des Photostromverstärkers, das die Größe der Gleichstromkomponente des Photostromes einschließlich des Dunkelstromes und der korrekten Vorspannung von *LA* anzeigt.
10. Nullinstrument in Reihe mit *I*, um roh abzustimmen.
11. Bewegliche Abgriffe von den Anodenwiderständen der zwei Abgleichröhren zu den Nullinstrumenten.

12. Beweglicher Schirmgitterabgleich dieser Röhren.
13. Variabler Erdpunkt des Abgleichkreis-Glühfadenstromes.
14. Variable Vorspannung von *LA*.
15. Phasenschalter *Sch I* der Photozellen-HF-Versorgung.
16. Phasenschalter *Sch II* der 50-Hz-Versorgung der Bremsgitter der Abgleichröhren.
17. Beweglicher Spiegel *3* (Abb. 3.1) mit Skala zum Ablesen des ersten Nullpunktes.
18. Thermometer zum Ablesen der Temperatur im Behälter des Kristalloszillators.
19. Thermometer für die Lufttemperatur entlang des Lichtweges zu dem ebenen Spiegel.
20. Barometer für den Luftdruck entlang des gleichen Weges.

*Das Ablesen*

Wenn wir mit dem entfernten Spiegel messen, lesen wir am Frequenzrad nach jeder Änderung der Phasenschalter ab, wenn der Ausschlag des Instrumentes *I* Null ist. Nullausschlag ist gleichwertig damit, daß der ebene Spiegel abgedeckt ist. Diese Auslenkung ist durch Abstimmen des Abgleichkreises dicht bei der zu halten, die durch einen Nullstrom durch das Instrument *I* verursacht wird. Nach jeder Gruppe von vier Ablesungen am Frequenzrad, die den vier möglichen Kombinationen der Stellungen der Phasenschalter entsprechen, müssen die analogen Ablesungen $S_1$ der Position des beweglichen Spiegels bei Nullauslenkung des Instrumentes *I* gemacht werden. Die Messungen mit dem konvexen Spiegel bei 90 m werden unten beschrieben.

Von den restlichen Instrumenten muß das für die HF-Amplitude unter ständiger Aufsicht gehalten werden. Die Bedienungsknöpfe zu (11), (12) und (13) werden ein für allemal eingestellt. Die übrigen Bedienungsknöpfe oder -räder werden normalerweise vor jeder Meßreihe eingestellt. Luftdruck und Temperatur werden stündlich einmal abgelesen. Diese Beobachtungen sind nötig, weil die Geschwindigkeit von den atmosphärischen Bedingungen abhängt. Das wird in dem nächsten Abschnitt behandelt werden.

## *Einfluß der Atmosphäre*

### *Brechungsindex von trockener Luft*

Bei den vorliegenden Messungen spielen die Änderungen im Brechungsindex der Luft mit den Änderungen der Temperatur, des Druckes und der Feuchtigkeit eine große Rolle. Um die erhaltenen Geschwindigkeitswerte in die entsprechenden Werte für das Vakuum umzurechnen, müssen wir auch die wirkliche Größe der Brechzahl wissen.

Die Zunahme der Lichtgeschwindigkeit beim Übergang von Luft zu Vakuum soll proportional der Brechzahl sein. Das ist auf die Wellengeschwindigkeit anwendbar. Wenn die Brechzahl der Luft ausgedrückt werden kann als

$$\mu = A + \frac{B}{\lambda^2} + \frac{C}{\lambda^4}, \qquad (11)$$

wobei $A$, $B$, $C$ Konstanten und $\lambda$ die Wellenlänge sind, erhalten wir, nachdem wir den vorliegenden Fall mit der *Gruppengeschwindigkeit* [3, 9, 14] in Betracht ziehen, einen entsprechenden, für die Berechnungen geeigneten „Brechungsindex für die Gruppengeschwindigkeit“:

$$\mu_g = A + \frac{3B}{\lambda^2} + \frac{5C}{\lambda^4}. \qquad (12)$$

Barrell und Sears [2] geben für trockene Luft bei 0 °C und 760 Torr den folgenden Ausdruck für den Wellenbrechungsindex an:

$$\mu_0 = 1 + \left(2876{,}4 + \frac{16{,}288}{\lambda^2} + \frac{0{,}136}{\lambda^4}\right) \cdot 10^{-7}; \qquad (13)$$

dabei ist $\lambda$ in Tausendstel Millimeter angegeben. Nach der Transformation auf die Gruppengeschwindigkeit erhalten wir mit $\lambda = 0{,}0005600$ mm oder 5600 Å:

$$\mu_B = 1{,}00030388. \tag{14}$$

Wenn wir die Formel von PERARD (Trav. Bur. Internat. Poids Mes. 1934) benutzen, erhalten wir:

$$\mu_P = 1{,}00030382. \tag{15}$$

Nach KÖSTER und LAMPE (Phys. Z. 1934) ist:

$$\mu_0 = 1 + \left(2877{,}57 + \frac{15{,}843}{\lambda^2} + \frac{0{,}193}{\lambda^4}\right) \cdot 10^{-7}. \tag{16}$$

Dann erhalten wir

$$\mu^K = 1{,}00030390. \tag{17}$$

Der Wert des Bureau of Standard (1918), der 1948 [14] benutzt wurde, ist offensichtlich zu niedrig. Die obigen Zahlen stimmen mit dem Mittelwert von 40 Werten nach 1857 [2] und mit modernen Werten überein, die bei der Bestimmung des Yards und des Meters in Wellenlängen [2] erhalten wurden. So wurde für 5600 Å der folgende Wert benutzt:

$$\mu_g = 1{,}0003039 \pm 0{,}0000002. \tag{18}$$

*Die Änderungen von $\mu_g$ mit $\lambda$, $t$, $p$, $e$*

Von Gl. (12) erhalten wir die Änderung mit der Wellenlänge als

$$\frac{d\mu_g}{d\lambda} = -0{,}000\,000\,55 \text{ pro } 100 \text{ Å}. \tag{19}$$

Wenn die Temperatur $t$ °C, der Druck $p$ Torr und die Feuchtigkeit $e$ Torr sind, dann ist der Brechungsindex nach KOHLRAUSCH:

$$\mu_L = 1 + \frac{\mu_0 - 1}{1 + \alpha t}\frac{p}{760} - \frac{0{,}000\,000\,55\,e}{1 + \alpha t} \tag{20}$$

mit $\alpha = 0{,}00367$ ($\approx {}^1/_{273}$).

Wenn wir $\mu_0$ durch $\mu_g$ ersetzen, erhalten wir die Änderungen von $\mu_g$ mit der Temperatur, dem Druck und der Feuchtigkeit bei 760 Torr und

$$0\,^\circ\mathrm{C}: \quad \frac{\mathrm{d}\mu_g}{\mathrm{d}t} = -1{,}11 \cdot 10^{-6}, \tag{21}$$

$$+10\,^\circ\mathrm{C}: \quad \frac{\mathrm{d}\mu_g}{\mathrm{d}t} = -1{,}04 \cdot 10^{-6}, \tag{22}$$

$$0\,^\circ\mathrm{C}: \quad \frac{\mathrm{d}\mu_g}{\mathrm{d}p} = +0{,}398 \cdot 10^{-6}, \tag{23}$$

$$+10\,^\circ\mathrm{C}: \quad \frac{\mathrm{d}\mu_g}{\mathrm{d}p} = +0{,}384 \cdot 10^{-6}, \tag{24}$$

$$0\,^\circ\mathrm{C}: \quad \frac{\mathrm{d}\mu_g}{\mathrm{d}e} = -0{,}055 \cdot 10^{-6}, \tag{25}$$

$$10\,^\circ\mathrm{C}: \quad \frac{\mathrm{d}\mu_g}{\mathrm{d}e} = -0{,}053 \cdot 10^{-6}. \tag{26}$$

Die Änderungen dieser Größen mit den Änderungen des Druckes können vernachlässigt werden, da sie kleiner als $10^{-9}$ pro Torr sind.

### *Bestimmung der atmosphärischen Bedingungen*

Um den Luftdruck zu bestimmen, wurde ein Hg-Barometer auf gleiches Niveau mit dem Lichtweg gebracht. Das Barometer wurde von dem Meteorologischen Dienst geprüft und innerhalb von 0,05 Torr für genau befunden.

Die Temperatur wurde mit Hilfe von Thermometern an beiden Enden der gemessenen Distanz gemessen. Sie waren 0 und 2 m oberhalb des Lichtweges und 4 und 3 m über dem Erdboden, der an beiden Enden eine Neigung von 1:10 gegenüber dem Gelände hatte, das 15 m unter dem Lichtweg lag. Die Thermometer waren in Zehntel Grad Celsius eingeteilt und auf ± 0,03 grd genau.

In bezug auf den Temperaturgradienten über dem Erdboden haben Johnson und Heywood [20] Werte für jeden Monat des Jahres und für jede Stunde des Tages angegeben, die auf einem Gebiet erhalten wurden, das ähnlich dem im vorliegenden Fall ist. Wenn man eine leichte Krümmung der Isothermen entlang des Bodens berücksichtigt, muß man von der Isotherme des Lichtweges annehmen, daß sie 4 m oberhalb der Thermometerposition verbeigeht. Der Temperaturgradient wurde mit den Kurven von Johnson und Heywood zu etwa +0,05 grd/m abgeschätzt, das gibt eine mittlere Korrektur von +0,2 grd bei der Temperaturablesung.

Die Feuchtigkeit wurde zu 70% in den Frühlings- und 85% in den Herbstnächten abgeschätzt.

## *Messungen*

### *Justierungen*

Das Bild des Lampenglühfadens wird so eingestellt, daß es zwischen die Kerr-Platten fällt. Die optischen Achsen der Spiegel und Linsen sind so justiert, daß sie zusammenfallen. Wenn der rückwärtige Nicol zeitweilig durch einen kleinen geneigten Spiegel ersetzt wird, ist das Bild einiger entfernter Objekte, die Spitze eines Baumes od. ä., in dem Spiegel zwischen den Kerr-Platten zu sehen. Durch Bewegen des Spiegels $Nm_1$ (Abb. 3.1) wird das optische System fokussiert, bis das Bild frei von jeder Parallaxe ist. Das Sucherfernrohr des unbewegten Geodimeters wird dann auf das gleiche Objekt eingestellt. Mit Hilfe des Suchers und mit dem ungeänderten optischen Übertragungssystem können wir dann das Geodimeter ausrichten, d. h. den Lichtstrahl zu dem entfernten Spiegel richten. Am Ende dieser Entfernung schwenkt ein Mitarbeiter die Ebene senkrecht zu dem Spiegel systematisch über das Geodimetergebiet, indem er die Justierschrauben des Spiegels leicht dreht. Nach einigen Minuten ist das reflektierte Licht als

Schimmer am Geodimeterende zu sehen, und mit Hilfe von abgestimmten Lichtsignalen wird der Spiegel bald auf das optische Empfängersystem ausgerichtet sein. Mit Hilfe eines kleinen geneigten Hilfsspiegels vor dem Filter *F* wird das optische Empfängersystem so ausgerichtet, daß der fokussierte Strahl auf die Apertur der Linse $P_3$ (Abb. 3.1) fällt. Im Falle eines stark reflektierten Lichtstrahls oder einer speziellen Signallampe wird der Strahl als ein projizierter Fleck gesehen. Das erleichtert die Justierung.

### *Die Lage des ersten Nullpunktes*

Um die Lage des ersten Nullpunktes in bezug auf die Anzeige des Geodimeters zu bestimmen, wurden Messungen über eine Entfernung von 90 m durchgeführt. In Abb. 3.10 sehen wir die Anordnung am Nordende der Enköping-Basislinie.

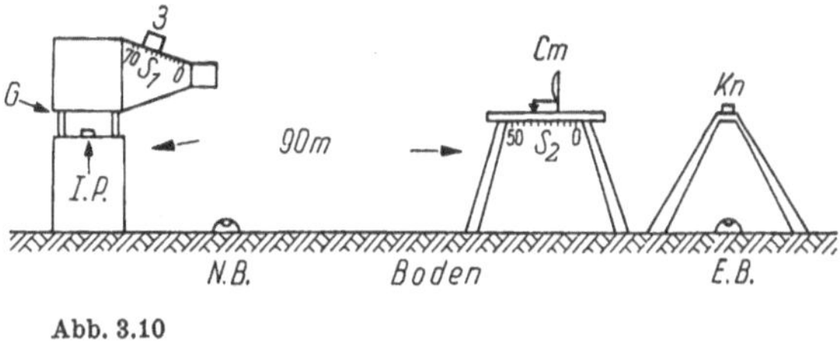


Abb. 3.10

*G* ist der Bezugspunkt in der Mitte der unteren hinteren Kante des Geodimeters. *I.P.* ist der Anzeigeknopf des Instrumenten-Zementpfeilers. *3* ist der bewegliche Spiegel der variablen Schleife mit der Skala $S_1$ von 0···70 cm. *N.B.* ist die nördliche Bodenmarke der 7-km-Basislinie. *Cm* ist der kleine bewegliche Hohlspiegel mit dem Fuß auf der Skala $S_2$ 0···50 cm. *E.B.* ist die Bodenmarke der kleinen „Basis zum Auswerten" in einer Entfernung von 90 m von *I.P.* *Kn* ist ein Anzeigeknopf, von *E.B.* aus gesehen sind *G*, *I.P.*, *N.B.*, *Cm* und *E.B.* alle in der vertikalen Ebene der 7-km-Basislinie oder ihrer Verlängerung. *I.P.*, $S_2$ und *Kn* sind auf einer gemeinsamen geraden Linie.

Die spezifischen Messungen wurden auf folgende Weise durchgeführt:

Auf der Skala $S_1$ wurde die Lage des Spiegels *3* bei einer Nullauslenkung auf dem Instrument *L* abgelesen. Man erhielt vier Ablesungen entsprechend den vier möglichen Kombinationen der Stellungen der Schalter *Sch I* und *Sch II*. Der Mittelwert der vier Ablesungen wurde benutzt. Das Bild des Lampenglühfadens wurde in Richtung des Spiegels *Cm* projiziert, auf der Skala $S_2$ wurde eine entsprechende Reihe von Ablesungen seiner Position gemacht und der Mittelwert genommen. Wenn wir die Entfernung *Cm*—*G* kennen und sie um $(^{10}/_4) \cdot \lambda$ [Gl. (9)] reduzieren, erhalten wir die Entfernung zwischen dem ersten Nullpunkt und *G* für eine bestimmte Position des Spiegels *3* mit einer *I*-Nullablesung. Alle Ablesungen $S_1$ und $S_2$ sind chronologisch in Tab. II (S. 174) aufgeführt. $S_1$ ist kursiv gedruckt. Die folgende Tabelle gibt die Werte der Entfernungen für die 90-m-Bestimmung im Mai an:

| | |
|---|---|
| *I.P.*—*E.B.* horizontal mit Invarbändern und -schnüren | +91,0885 m |
| Korr. der Schnüre +0,40 mm auf 24 m | + 0,0012 |
| Korr. der Bänder 1,495 mm auf 4 m | + 0,0075 |
| Summe | +91,0972 m ± 0,0005 m |

Eine Höhendifferenz von 11,709 m bewirkt, daß die verwendeten Entfernungen sind

| | |
|---|---|
| *I.P.*—*E.B.* | +91,8466 m |
| *E.B.*—*Kn* horizontal (mit dem Theodoliten) | + 0,0009 |
| *Kn*—$S_2$ (Nullinie von $S_2$) | — 1,6470 |
| *Cm*-Marke—*Cm*-Oberfläche | + 0,1220 |
| *I.P.*—*G* | + 0,1320 |
| Korr. der auf ∞ fokussierten Optik | + 0,0120 |

| | |
|---|---|
| $S_1-S_2$ als Mittelwert von 13 Ablesungen (Tab. II) | − 0,0526 |
| (10/4) · $\lambda$ bei 8 °C, 760 Torr, 8332240 Hz | −89,9232 |
| Entfernung $G$—erster Nullpunkt Summe | + 0,4907 ± 0,0021 m |

Mit dieser Position des ersten Nullpunktes sollten wir eine Nullauslenkung auf dem Mikroamperemeter *I* erhalten, wenn der bewegliche Spiegel *3* auf die Nullinie von $S_1$ zeigt.

Eine direkte Messung des Lichtweges in der Schleife bei einer Spiegelposition 0 gab auch 0,49 m. Diese Bestimmung ist gar nicht so genau, aber sie bestätigt den obigen Wert und zeigt, daß die Kurve in Abb. 3.4 eine gute Inversionssymmetrie hat.

Im Herbst waren die entsprechenden Zahlen:

| | |
|---|---|
| *I.P.—E.B.* | +91,8466 |
| *E.B.—Kn* | + 0,0040 |
| $Kn-S_2$ | − 1,6512 |
| *Cm*-Marke—*Cm*-Oberfläche (neue Fassung) | + 0,1235 |
| *I.P.—G* | + 0,1285 |
| Korr. vom Brennpunkt | + 0,0120 |
| $S_1-S_2$ als Mittelwert von 12 Ablesungen (Tab. II) | − 0,0600 |
| (10/4) · $\lambda$ bei 3 °C, 765 Torr, 8332180 Hz | −89,9230 |
| Entfernung $G$—erster Nullpunkt Summe | + 0,4804 ± 0,0021 m |

Die Differenz von 1 cm im Vergleich zu dem Wert im Frühling kann sehr wohl von den geänderten Dimensionen des Lichtweges innerhalb des Geodimeters herrühren. Während der entsprechenden Meßperioden blieben sie aber unverändert. Unglücklicherweise wurde der Lichtweg in der Schleife im Herbst nicht wieder gemessen.

### *Die Lage des 769. Nullpunktes*

Im Verlauf der Messungen über große Entfernungen ist die Position des 769. Nullpunktes in bezug auf die

Marke $G$ die gleiche wie die Position des ebenen Spiegels relativ zu $G$. Das ist so, weil wir die Frequenz so regeln, daß der Nullpunkt und der Spiegel koinzidieren. Der Hauptteil der Entfernung von $G$ zu dem ebenen Spiegel ist die feste Entfernung von *I.P.* zu der südlichen Bodenmarke der Basislinie. Die Bestimmung dieser Entfernung ist in der folgenden Tabelle angegeben:

| | | |
|---|---|---|
| *N.B.*-Marke—*S.B.*-Marke auf dem Ellipsoid entsprechend dem Manuskript G 4102 (des Dienstes) | | +6885,0672 |
| Messungen der Baltischen Geodätischen Kommission | + | 0,0028 |
| Sicherheits-Ersatz- (Marken) | — | 0,0020 |
| Korr. für die wirkliche mittlere Höhe von 27,4 m über NN ($G$ und der Spiegel) | + | 0,0296 |
| Korr. für die Höhendifferenz zwischen $G$ und dem Spiegel = 1,1 m | + | 0,0002 |
| *N.B.*—*I.P.* mit Invarbändern | + | 13,2441 |
| Korr. der Bänder = 1,495 mm auf 4 m | + | 0,0049 |

Benutzte Entfernung *I.P.*—*S.B.*-Marke
Summe + 6898,3468 ± 0,0030 m

Dann haben wir die angrenzenden Entfernungen zwischen der *S.B.*-Marke und dem Spiegel und zwischen *I.P.* und $G$ ermittelt.

Die Bestimmung der Entfernung zwischen der *S.B.*-Marke und dem Spiegel ist in Abb. 3.11 dargestellt. 8 m rückwärts in der Verlängerung der Basislinie wurde ein Sockel in den Boden getrieben. Der Sockel hatte eine Marke $P$. 17 m westlich in einem rechten Winkel dazu war der Standort des Spiegels, 3,5 m hoch und mit einem Tisch und einer Marke $K$ versehen. Die horizontale Entfernung $P—K$ war 16,92 m. Der Winkel $\alpha$ wurde mit einem Theodoliten gemessen. Die Genauigkeit entsprach 0,1 mm in der Richtung der Basislinie. Wenn man annimmt, daß die Entfernung *I.P.*—$P$ exakt gleich der *I.P.*—$K$ ist, müßte $\alpha$ gleich $99^c92'20''$ sein. Das gemessene $\alpha$ war $100^c04'70''$ im Mai und $100^c05'52''$ im September.[1]) Die Differenzen zu $99^c92'20''$ geben eine um 3,32 bzw. 3,54 cm kürzere Entfernung *I.P.—K* als *I.P.—P*.

In einer rohen Berechnung im Mai wurde die Größe 3,32 cm mit einem falschen Vorzeichen benutzt. Der er-

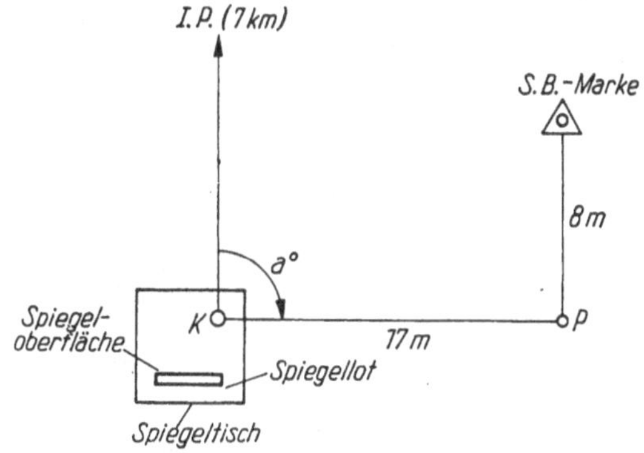


Abb. 3.11

haltene Wert für die Geschwindigkeit 299795,6 (das wurde wahrscheinlich irgendwo veröffentlicht) stimmte mit dem von 1948 überein, das war sehr irreführend.

Die Entfernungen zwischen der *S.B.*-Marke und dem Spiegel sind in die folgenden beiden Tabellen eingegangen, die erste für Mai, die zweite für September:

| | |
|---|---|
| *S.B.*-Marke—gelotete Marke | —0,0019 |
| *S.B.*-Marke—*P* mit Invarbändern | +7,9753 |
| Korr. der Invarbänder | +0,0030 |
| Entfernung durch den Winkel $\alpha$ (Abb. 3.11) | —0,0332 |
| *K*-Spiegellot | +0,1648 |
| Lot—Spiegeloberfläche | —0,0225 |
| Gesamte Entfernung *S.B.*-Marke—Spiegel im Mai | +8,0855 ± 0,0005 m |

[1]) Der rechte Winkel ist hier in 100 Grad eingeteilt: $100^c = 90°$. Ein Grad ist weiter in Hundertstel unterteilt.

| | |
|---|---|
| *S.B*-Marke—gelotete Marke | +0,0006 |
| *S.B.*-Marke—*P* mit Stahlbändern | +7,9755 |
| Korr. des Stahlbandes | +0,0015 |
| Winkel $\alpha$ | −0,0351 |
| *K*-Spiegellot | +0,1630 |
| Lot—Spiegeloberfläche | −0,0225 |
| Gesamte Entfernung *S.B.*-Marke—Spiegel im September | +8,0830 ± 0,0005 m |

In der folgenden Tabelle sind die Entfernungen zwischen *G* und dem Spiegel zusammengestellt:

| Datum | 6.—11. Mai | 13.—14. Mai |
|---|---|---|
| *G—I.P.* | +0,1426 | +0,1245 |
| *I.P.—S.B.*-Marke (s. oben) | +6898,3468 | +6898,3468 |
| *S.B.*-Marke—Spiegel (s. oben) | +8,0855 | +8,0855 |
| *G*—Spiegel | 6906,5749 | 6906,5568 |

| Datum | 24.—29. Sept. | 3. Okt. |
|---|---|---|
| *G—I.P.* | +0,1208 | +0,1216 |
| *I.P.—S.B.*-Marke (s. oben) | +6898,3468 | +6898,3468 |
| *S.B.*-Marke—Spiegel (s. oben) | +8,0830 | +8,0830 |
| *G*—Spiegel | 6906,5506 | 6906,5514 m |

*Reduzierte Entfernung von Nullpunkt zu Nullpunkt*

Die Einstellung der Position des 769. Nullpunktes auf dem ebenen Spiegel mit Hilfe des Frequenzrades wird für verschiedene Frequenzwerte erreicht. Diese Einstellungen wurden unter verschiedenen atmosphärischen Bedingungen vorgenommen. Um die Messungen vergleichbar zu machen, führen wir eine Reduktion auf 0 °C, 760 Torr trockener Luft und auf eine Grundfrequenz von 8332230 Hz mit dem Frequenzrad bei 4,7 (Abb. 3.9) durch. Nach den Reduktionen wird der 769. Nullpunkt wegen der Unsicherheit der Bestimmung bei einer etwas variierenden Entfernung von dem ebenen Spiegel liegen.

Wenn wir diese Entfernung berechnen wollen, beginnen wir mit den Ablesungen auf dem Frequenzrad. Alle diese Ablesungen mit großen Entfernungen sind chronologisch in Tab. III (S. 175) zusammengestellt. Die Gruppen von vier (oder acht usw.) Ablesungen sind direkt vom Frequenzrad genommen. Unter diesen Gruppen sehen wir die $S_1$-Ablesungen (in kursiven Ziffern) des Spiegels *3* der beweglichen Schleife. Die Uhrzeiten für Beginn und Ende sind für jede Nacht extra eingesetzt. Die Thermometer- und Barometerablesungen sind in Tab. IV (S. 177) zusammengestellt.

Von der Kurve in Abb. 3.9 erhalten wir die Entfernung des 769. Nullpunktes von dem ebenen Spiegel mit dem Frequenzrad bei 4,7. Als ein Beispiel nehmen wir die ersten Ablesungen in Tab. III. Die Zahl 11,6 entspricht einer Frequenzdifferenz von 185 Hz, verglichen mit der, wenn das Rad bei 4,7 steht. Da die gesamte Entfernung von $G$ zum ebenen Spiegel 6906 m beträgt, erhalten wir mit 185 Hz eine Verschiebung des 769. Nullpunktes von

$$-\frac{185 \times 6906}{8332000} = -0{,}153 \text{ m} \quad \text{oder} \quad -15{,}3 \text{ cm}.$$

Das Minuszeichen zeigt an, daß der Punkt auf der vorderen Seite des Spiegels liegt. Auf diese Weise kann die Kurve in Abb. 3.9 auch in solche cm-Abstände eingeteilt werden. Das ist in der Abbildung an der rechten senkrechten Achse getan. Die drei folgenden Ablesungen am Rad wurden mit den drei anderen Stellungen der Schalter *Sch I* und *Sch II* gemacht (Abb. 3.2). Als Mittelwert der ersten Gruppe von vier Ablesungen erhalten wir die Entfernung 13,9 cm. Wir brauchen aber die wirkliche Position des ersten Nullpunktes, wie er durch die Position des beweglichen Spiegels *3* (Abb. 3.1, 3.10) bestimmt wird. Hier haben wir auch vier Ablesungen ($S_1$) in einer Gruppe.

Normalerweise nehmen wir die Mittelwerte der Gruppen vor und nach der Gruppe von Radablesungen. Da zu Beginn die Gruppe zuvor fehlt, nehmen wir nur die nachfolgende und erhalten ein $S_1$ von 16,5 cm. Nach einer Reduktion mit dieser Größe wird die ganze Reihe von Nullpunkten bei einer Entfernung von 49,07 cm von $G$ (von S. 157) beginnen (= erster Punkt). Wenn wir die Temperatur, den Druck und die Feuchtigkeit von 70% (Tab. IV) in die Formel (S. 152) einsetzen, erhalten wir die Korrekturen —6,1 cm, —2,6 cm und —0,2 cm.

Dann erhalten wir

| | |
|---|---|
| Entfernung, aus der Kurve in Abb. 3.9 | −13,9 |
| Beweglicher Spiegel ($S_1$) | +16,5 |
| Temp.-Korr. | − 6,1 |
| Korr. der Temp.-Korr. (S. 153) | − 0,1 |
| Druck-Korr. | − 2,6 |
| Feuchtigkeitskorr. | − 0,2 |
| Summe | − 6,4 cm |

Der Mittelwert von allen Bestimmungen am 6. Mai ist —4,4 ± 0,63 cm. Im Mittel ist die Frequenz etwa 5 Hz oberhalb der Werte auf der Kurve in Abb. 3.9. Das bedeutet eine weitere Korrektur von +0,4 cm. Als Result der ersten Nacht erhalten wir, daß der 769. Nullpunkt bei 0°C, 760 Torr trockener Luft und 8332230 Hz um —4,0 cm auf dieser Seite des ebenen Spiegels liegt, wenn der erste Nullpunkt eine Ablesung $S_1 = 0$ verursachte. Die gesamte reduzierte Entfernung zwischen dem 1. und dem 769. Nullpunkt ist also:

| | |
|---|---|
| Erster Nullpunkt—$G$ (S. 157) | −0,4907 |
| $G$—Spiegel (S. 160) | +6906,5749 |
| Spiegel—769. Nullpunkt (oben) | −0,0400 |
| 1. Nullpunkt—769. Nullpunkt | +6906,0442 m |

*Berechnung der Lichtgeschwindigkeit*

Der obige Wert 6906,0442 m ist die Entfernung $D_N$ in Gl. (9), $N$ ist 768. Mit Gl. (10) und $n = 8332230$ Hz finden wir die Geschwindigkeit in trockener Luft bei 0 °C, 760 Torr als

$$c_{\text{Luft}} = 299701{,}8 \text{ km/s.}$$

Wenn die benutzte effektive Wellenlänge des Lichtes 5600 Å ist, erhalten wir nach Gl. (18), S. 152, das Verhältnis zur Geschwindigkeit im Vakuum als

$$\mu_g = 1{,}0003039.$$

Das endgültige Ergebnis der ersten Nacht ist also

$$c = 299792{,}9 \text{ km/s.}$$

In der gleichen Weise können wir den Rest der Tabelle auf S. 164 berechnen. Zu Anfang wurde eine Berechnung aller reduzierten Entfernungen vom 769. Nullpunkt zum ebenen Spiegel gemacht. Diese Entfernungen wurden weiter korrigiert, um für die erste $G$-Spiegel-Position vom 6.—11. Mai zu gelten, die eine Entfernung vom ersten Nullpunkt zum ebenen Spiegel von 6906,5749—0,4907 = 6906,0842 m hat. Aus dem mittleren Fehler für jede Nacht wurde ein bestimmtes Gewicht abgeleitet, das für den in dieser Nacht erhaltenen Wert gültig war; der Ausgangspunkt war das reziproke Quadrat des mittleren Fehlers der Nacht. Damit die Messungen für jede einzelne Nacht ihren vollen individuellen Effekt haben, wurden die größten Gewichte um etwa die Hälfte reduziert und die niedrigsten Gewichte etwas erhöht.

In der Tabelle auf S. 164 sind die erhaltenen cm-Entfernungen mit ihren Gewichten und der Anzahl der Bestimmungen zusammengestellt. Um die Nullentfernungen $D_N$ [Gl. (9)] zu erhalten, haben wir 6906,0842 um die verschiedenen cm-Differenzen zu reduzieren, und die Ge-

| Datum im Jahre 1949 | Lampen-spannung [V] | Frequ.-Korr. [cm] | Anzahl der Beobachtungen | Gewicht 1 Beob. = 1,0 | Entfernung [cm] | Geschwindigkeit (299790 + . . .) km/s | Temperatur [°C] | Druck [Torr] |
|---|---|---|---|---|---|---|---|---|
| 6. Mai | 2,8 | −0,4 | 4 | 2,0 | 4,0 | 2,87 | + 8 | 750 |
| 8. Mai | 2,8 | −0,4 | 6 | 12,0 | 2,4 | 3,56 | + 1 | 755 |
| 9. Mai | 2,8 | −0,6 | 1 | 1,0 | 4,9 | 2,50 | + 3 | 762 |
| 10. Mai | 2,8 | −0,7 | 7 | 5,0 | 4,5 | 2,63 | + 9 | 765 |
| 11. Mai | 2,8 | −2,5 | 5 | 9,0 | 4,8 | 2,52 | + 8 | 769 |
| 13. Mai | 2,8 | −2,5 | 5 | 3,0 | 2,5 | 3,52 | +11 | 765 |
| 14. Mai | 2,8 | −2,4 | 6 | 2,0 | 3,8 | 2,93 | + 9 | 763 |
| 24. Sept. | 5,0 | −3,3 | 2 | 0,5 | 4,1 | 2,84 | +11 | 768 |
| 26. Sept. | 5,0 | −4,5 | 5 | 2,0 | 0,7 | 4,27 | +15 | 764 |
| 27. Sept. | 5,0 | −4,5 | 5 | 5,5 | 4,4 | 2,68 | +12 | 763 |
| 28. Sept. | 6,0 | −4,5 | 2 | 0,3 | 1,3 | 4,05 | +11 | 764 |
| 29. Sept. | 3,5 | −5,2 | 5 | 7,5 | 4,1 | 2,84 | +14 | 758 |
| 3. Okt. | 3,5 | −5,3 | 5 | 8,2 | 3,0 | 3,32 | + 9 | 749 |

schwindigkeit wird aus den Gleichungen (10) und (18) erhalten. Um die stufenweise Zunahme der Frequenz mit der Arbeitszeit zu illustrieren, sind die in jeder Nacht benutzten Frequenzkorrekturen auch in die Tabelle eingesetzt. Weiterhin ist eine Spalte für die Betriebsspannung der Lampe hinzugefügt. Wegen einer variablen Sichtbarkeit war die Intensität des zurückkehrenden Lichtes ständig gleich.

Während des ganzen Frühlings war die Sichtbarkeit gut. Im Herbst war sie aber nur an den beiden letzten Tagen gut. Es wurde kein systematischer Einfluß des Dunstes beobachtet. Wahrscheinlich wurde ein dunkler werdendes Rot durch die höhere Temperatur der Lampe kompensiert.

Aus der Tabelle erhalten wir

| | |
|---|---|
| Mittel der Frühlingswerte | (299793,04 ± 0,19) km/s |
| Mittel der Herbstwerte | (299793,10 ± 0,20) km/s |
| Totales Mittel | (299793,1 ± 0,14) km/s |

$$\left(\pm\sqrt{\frac{[pvv]}{[p](13-1)}}\right)$$

Die Grenzen wurden aus den Abweichungen vom Mittelwert erhalten. Um die wirklichen Grenzen zu erhalten, haben wir die Unsicherheit der verschiedenen äußeren Bedingungen zu betrachten.

Der Fehler in der Farbbestimmung wurde zu 50 Å angesetzt. Nach Gl. (19) gibt das einen relativen Fehler von $\pm 2{,}8 \cdot 10^{-7}$.

Der mittlere Fehler für die Temperatur wird kleiner als ± 0,2 grd sein, der des Druckes kleiner als ± 0,2 Torr und der der Feuchtigkeit kleiner als ± 1 Torr. Von den Gleichungen (21)—(26) erhalten wir also einen atmosphärischen Fehler von $\pm 2{,}5 \cdot 10^{-7}$.

Die Basislinie von Enköping wurde von der Baltischen Geodätischen Kommission erneut vermessen. Der sich ergebende mittlere Fehler von $4 \cdot 10^{-7}$ wird sich auf

$5 \cdot 10^{-7}$ erhöhen, wenn man die Fehler der hinzugefügten kleinen Entfernungen mit einschließt.

In bezug auf die Frequenz wird der mittlere Fehler nicht größer als 2 Hz oder $\pm 2{,}4 \cdot 10^{-7}$ sein.

Schließlich trägt die Position des ersten Nullpunktes einen Fehler von $\pm 3{,}0 \cdot 10^{-7}$ bei.

So erhalten wir insgesamt die Fehler

| | |
|---|---|
| 769. Nullpunkt | $\pm 4{,}5 \cdot 10^{-7}$ |
| 1. Nullpunkt | $\pm 3{,}0 \cdot 10^{-7}$ |
| Brechungsindex | $\pm 2{,}0 \cdot 10^{-7}$ |
| Farbe | $\pm 2{,}8 \cdot 10^{-7}$ |
| Atmosphäre | $\pm 2{,}5 \cdot 10^{-7}$ |
| Basislinie | $\pm 5{,}0 \cdot 10^{-7}$ |
| Frequenz | $\pm 2{,}4 \cdot 10^{-7}$ |

$$\sqrt{[vv]} = \pm 8{,}80 \cdot 10^{-7}$$

Als das endgültige Ergebnis der Bestimmungen über die 7-km-Basislinie erhalten wir eine Geschwindigkeit von

$$c = (299\,793{,}1 \pm 0{,}26)\ \text{km/s}.$$

Die Grenzen schließen alle bekannten Teilfehler ein.

*Werte von anderen Basislinien*

1. Da die oben erwähnte Basislinie geteilt war (Winkel $198^c84'86''$), waren zwei weitere Strecken vorhanden, die für Bestimmungen verwendet werden konnten. Die längere, die 573 Nullpunkte enthielt und das Instrument noch bei *N.B.* hatte, bestand aus folgenden Entfernungen:

| | |
|---|---|
| 1. Nullpunkt—*G* | −0,4804 |
| *G*—*I.P.* | +0,1227 |
| *I.P.*—*M.B.* (entlang des Lichtweges) | +5147,7036 ± 0,010 |
| *M.B.*—Spiegel | −3,7576 |
| Spiegel—573. Nullpunkt (reduziert) | −0,0045 |
| 1. Nullpunkt—573. Nullpunkt | 5143,5838 ± 0,013 |

Das gibt einen Wert von

$$c = (299\,794{,}0 \pm 0{,}75)\ \mathrm{km/s}.$$

2. Wenn man die kürzere Basilinie mit dem Geodimeter bei *M.B.* benutzt, sind die Komponenten der Entfernung:

| | |
|---|---|
| 1. Nullpunkt—*G* | −0,4804 |
| *G*—*M.B.* | +4,1550 |
| *M.B.*—*S.B.* | +1750,9060 ± 0,0070 |
| *S.B.*—Spiegel | +7,9175 |
| Spiegel—197. Nullpunkt (reduziert) | −0,0214 |
| 1. Nullpunkt—197. Nullpunkt | 1762,4767 ± 0,0090 m |

Die Geschwindigkeit ist

$$c = (299\,792{,}3 \pm 1{,}5)\ \mathrm{km/s}.$$

3. Mit den praktischen Erfahrungen des vollständigen Geodimeters können nun die Bestimmungen [14] von 1948 korrigiert werden.

Ohne 90-m-Entfernung kann dann der erste Nullpunkt mit einer erträglichen Genauigkeit aus einer direkten Messung des Lichtweges in der Schleife bestimmt werden, wie wir jetzt wissen. Aus den Daten des Protokolls ist ersichtlich, daß der erste Nullpunkt, wie er bei Linköping bestimmt wurde, um 7 cm nach vorn verschoben werden muß.

Anstelle der verwendeten Temperaturkorrektur von $0{,}93 \cdot 10^{-6}$ (Kohlrausch bei 20 °C) ist $1{,}1 \cdot 10^{-6}$ richtiger.

In bezug auf die Farbe wurde eine Kurve mit dem wirklichen Filter und der benutzten Glühfadenspannung erhalten, die in Abb. 3.12 dargestellt ist. Ein Wert von $\mu_g = 1{,}000304$ scheint korrekt zu sein. Die benutzte Basisfrequenz von 8332157 Hz (jüngerer Kristall), die einige Tage (12. 10., Tab. I) nach den Messungen geprüft wurde, ist korrekt.

Die reduzierten Entfernungen von 1948 waren

1. 1. Nullpunkt—1009. Nullpunkt: 9064,377 m,
2. 1. Nullpunkt—469. Nullpunkt: 4208,430 m.

Das ergibt bei 5 mm Feuchtigkeit

1. $c = (299796{,}3 \pm 1{,}5)$ km/s,
2. $c = (299794{,}1 \pm 3{,}0)$ km/s,

Mittelwert $c = (299795{,}8 \pm 1{,}5)$ km/s.

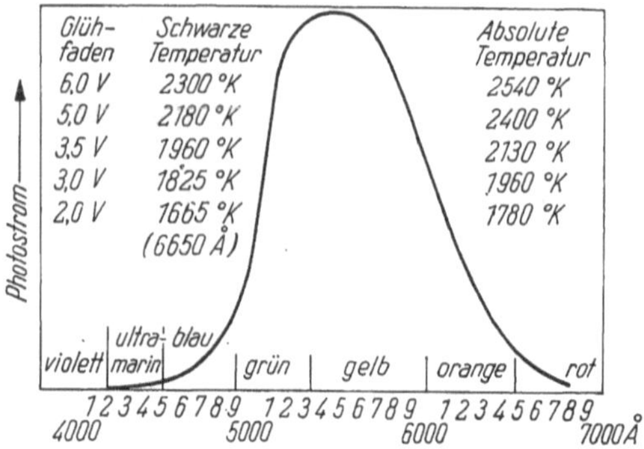


Abb. 3.12

Nach der Reduktion der Entfernungen durch die oben erwähnten Korrekturen zu einem Gesamtbetrag von 7,8 bzw. 7,4 cm sind die korrigierten Werte von 1948

1. $(299794{,}1 \pm 1{,}3)$ km/s,
2. $(299789{,}3 \pm 2{,}5)$ km/s,

Gewichtbehaftetes Mittel: $(299793{,}1 \pm 2{,}0)$ km/s.

4. Schließlich haben wir die Entfernungsmessungen von 1947 [18]. Diese Messungen wurden mit dem alten Geodimetermodell ausgeführt. Der Kristalloszillator wurde aber in einem Stück in das neue Modell eingebaut, so daß wir die benutzte Frequenz finden können. Aus der Tabelle I kann man entnehmen, daß die Frequenz vom 12. Oktober 1948 bis zum 14. Oktober 1949 um 150 Hz zugenommen

hat. Die Betriebszeit wurde nach den Meßdaten zu etwa 150 Stunden abgeschätzt.

Die Betriebszeit während des vergangenen Jahres wird etwa 10 Stunden bei Lovö, 60 Stunden bei Linköping (aus den Aufzeichnungen) und 50 Stunden experimentelle Arbeit bei AGA betragen. Dazu müssen noch etwa 10 Demonstrationsstunden gerechnet werden. Wir erhalten insgesamt 130 Stunden oder 130 Perioden. Die Frequenz wird dann (8332027 ± 30) Hz sein.

Eine starke Stütze dafür, daß diese Methode des Verfahrens richtig ist, ist die Tatsache, daß die Frequenz im Jahre 1942 vom Hersteller (Eintragung auf dem Kristall) mit 8,3315 MHz angegeben wurde. Während der Jahre 1942–1947 wurde der Kristall für experimentelle Arbeiten verwendet. Eine Betriebszeit von 500 Stunden während der erwähnten Periode scheint vernünftig zu sein.

Aus der Arbeit [18], S. 108, wissen wir, daß der erste Nullpunkt im Jahre 1947 auf einer direkten Messung des Lichtweges beruhte, und das ist hinreichend, wie wir heute wissen. Von der gleichen Arbeit, S. 110, haben wir die „Einheitslänge" 17,98494 m bei 0 °C, 773 Torr. Wenn wir in bezug auf die Feuchtigkeit und den Druck korrigieren und auf den Vakuumwert transformieren, erhalten wir $\lambda = 35{,}98088$ m. Dann haben wir wegen der goldplattierten Spiegel einen Brechungsindex von $\mu_g = 1{,}000302$ und eine Photozelle 1 P 22 mit einer Empfindlichkeit benutzt, die in das Rot hinüberreicht. Mit $n = 8332027$ Hz ergibt sich die 1947 erhaltene Geschwindigkeit zu

$$c = (299793{,}9 \pm 2{,}7)\ \text{km/s}.$$

Da der Punkt Vårby (S. 110) von zweiter Ordnung ist, sollte ein Wert von der Entfernung 7734 m ein praktisch verschwindendes Gewicht bekommen.

Wenn wir alle Messungen in einer Tabelle zusammenfassen, erhalten wir

| Jahr | Entfernung | Gewicht | Geschwindigkeit | |
|---|---|---|---|---|
| 1947 | 11025 ± 0,08 m | 0,1 | 299793,9 ± 2,7 | 93,9 |
| 1948 | 9064 ± 0,01 | 0,6 | 94,1 ± 1,3 | 93,1 |
| 1948 | 4208 ± 0,01 | 0,2 | 89,3 ± 2,5 | |
| Mai 1949 | 6906 ± 0,0035 | 8,0 | 93,0 ± 0,27 | 93,1 |
| Sept. 1949 | 6906 ± 0,0035 | 8,0 | 93,1 ± 0,28 | |
| 1949 | 5144 ± 0,01 | 1,5 | 94,0 ± 0,75 | |
| 1949 | 1762 ± 0,01 | 0,4 | 92,3 ± 1,50 | |

Gewichtbehaftetes Mittel: (299793,1 ± 0,25) km/s.

Die Fehlergrenzen dieser Entfernungen bezeichnen die geodätische Genauigkeit.

*Endergebnis*

Die vorhergehenden Untersuchungen liefern den Wert der Lichtgeschwindigkeit im Vakuum zu

$$c = (299793,1 \pm 0,25)\ \text{km/s}.$$

Es kann kein Hinweis auf irgendeine systematische Änderung mit der Zeit gefunden werden.

*Vergleich mit Bestimmungen anderer Autoren*

MICHELSON (1926) [4, 11] erhielt

$$c = (299798 \pm 4)\ \text{km/s}.$$

BIRGES statistischer Vergleich [10, 11] gab 1942 das Ergebnis

$$c = (299776 \pm 3)\ \text{km/s}.$$

ESSENS Bestimmung [13] mit kurzen Radiowellen in Resonanz in einem kurzen Wellenleiter gab 1948 den Wert

$$c = (299792,2 \pm 4,5)\ \text{km/s}.$$

(ESSEN gibt ± 9 als maximalen Fehler an).

Aslaksons Wert (1949) [15] mit Hilfe von Radar, angewendet auf sechs geodätisch bekannte Entfernungen in den USA, ist

$$c = (299\,792{,}4 \pm 2)\ \text{km/s},$$

wobei der innere mittlere Fehler von $\pm$ 1,5 km/s hier auf $\pm$ 2 erhöht wurde, um mögliche systematische Fehler zu berücksichtigen.

*Bestimmungen von Längen*

Als eine praktische Anwendung wurden zwei unsichere Dreiecksseiten erster Ordnung in Norrland bestimmt.

1. Die Entfernung zwischen den Inseln Prästgrundet und Storjungfrun in der Nähe von Söderhamn im August:

1. Nacht 20203,63 m, 1 Beobachtung,
2. Nacht (20203,57 $\pm$ 0,04) m, 6 Beobachtungen,
Mittelwert (20203,59 $\pm$ 0,04) m.

Die Koordinaten geben 20203,79 m. Die Länge, wie sie von der neuen Söderhamn-Basislinie über ein Basisnetz und zwei Dreiecke bestimmt wurde, ist aber 20203,25 m. Wenn man annimmt, daß dieser Wert das doppelte Gewicht des Wertes hat, der von den Koordinaten bestimmt wurde, würde die geodätisch bestimmte Länge 20203,43 m sein, das steht in vernünftiger Übereinstimmung mit dem Wert, der mit Hilfe des Lichtes bestimmt wurde.

2. Die Entfernung zwischen Ounistunturi und Sautusvaara in der Nähe von Kiruna in Lappland im September:

1. Nacht (30921,67 $\pm$ 0,17) m, 2 Beobachtungen, Gewicht 1,
2. Nacht (30921,52 $\pm$ 0,05) m, 10 Beobachtungen, Gewicht 3,
3. Nacht (30921,37 $\pm$ 0,07) m, 5 Beobachtungen, Gewicht 2,
Gewichtbehaftetes Mittel (30921,50 $\pm$ 0,07) m.

Die Frequenz wurde wie üblich geprüft. Provisorisch berichtigte Koordinaten gaben die Entfernung (30921,42 $\pm$ 0,60) m.

Tab. I. Kontrolle der Frequenz, Kr. = Ablesungen am Kristallrad

| Datum in den Jahren 1948/49 | Stunde | Kr. | Frequenz | Datum in den Jahren 1948/49 | Stunde | Kr. | Frequenz |
|---|---|---|---|---|---|---|---|
| 12. 10. | 13,45 | – | Start | 6. 5. | 20,10 | 12,5 | 8331979 |
| | 15,00 | 0 | 8332166 | (Fortsetzung) | 20,15 | 17,5 | 1740 |
| | 15,05 | 5 | 157 | | 20,20 | 15 | 1879 |
| | 15,10 | 10 | 037 | | 20,25 | 0 | 2210 |
| | 15,15 | 13 | 8331921 | | 20,30 | 10 | 2085 |
| | 15,20 | 16 | 779 | | 20,35 | 5 | 2210 |
| | 15,25 | 20 | 543 | | 20,40 | 0 | 2218 |
| | 15,30 | 23 | 323 | | 21,55 | 10 | 2103 |
| | 15,35 | 26 | 048 | | | | |
| | 15,40 | 30 | 8330541 | 9. 5. | 19,45 | – | Start |
| | 15,45 | 33 | 005 | | 20,55 | 10 | 8332080 |
| | 15,50 | 36 | 8329171 | | | | |
| | 15,55 | 40 | 8327258 | | | | |
| | 16,00 | 43 | 8324200 | 10. 5. | 19,40 | – | Start |
| | 16,05 | 46 | 8316640 | | 20,55 | 10 | 8332091 |
| | 16,10 | 50 | 8272265 | | 21,55 | 10 | 110 |
| 27. 4. | 14,00 | – | Start | 11. 5. | 19,45 | – | Start |
| | 15,35 | 0 | 8332209 | | 20,55 | 10 | 8332096 |
| | 15,40 | 5 | 2203 | | 21,55 | 10 | 125 |
| | 15,45 | 10 | 2075 | | | | |
| | 15,50 | 15 | 1860 | 12. 5. | 19,50 | – | Start |
| | 15,55 | 20 | 1557 | | 20,55 | 12,5 | 8332021 |
| | 16,00 | 30 | 0489 | | | | |
| | 16,10 | 0 | 2170 | | | | |
| | | | | 13. 5. | 19,45 | – | Start |
| 4. 5. | 18,00 | – | Start | | 20,55 | 12,5 | 8332012 |
| | 19,30 | 0 | 8332200 | | 21,55 | 12,5 | 030 |
| | 20,05 | 0 | 2219 | | | | |
| | 20,10 | 5 | 2211 | 14. 5. | 18,45 | – | Start |
| | 20,15 | 7,5 | 2172 | | 20,15 | 0 | 8332246 |
| | 20,20 | 10 | 2092 | | 20,20 | 5 | 2246 |
| | 20,25 | 12,5 | 1987 | | 20,25 | 10 | 2115 |
| | 20,30 | 15 | 1870 | | 20,30 | 15 | 1890 |
| | 20,35 | 17,5 | 1733 | | 20,35 | 17,5 | 1737 |
| | 20,40 | 0 | 2195 | | 20,40 | 12,5 | 1972 |
| | | | | | 20,45 | 10,0 | 2080 |
| 6. 5. | 19,07 | – | Start | | 20,50 | 7,5 | 2176 |
| | 20,00 | 0 | 8332195 | | 20,55 | 0,0 | 2231 |
| | 20,05 | 7,5 | 2152 | | 21,55 | 10,0 | 2122 |

Tab. I (*Fortsetzung*)

| Datum in den Jahren 1948/49 | Stunde | Kr. | Frequenz | Datum in den Jahren 1948/49 | Stunde | Kr. | Frequenz |
|---|---|---|---|---|---|---|---|
| 27. 8. | 20,30 | – | Start | 29. 9. | 18,40 | – | Start |
| | 21,30 | 10 | 8332093 | | 19,55 | 10 | 8332153 |
| | | | | | 20,55 | 10 | 2168 |
| 29. 8. | 19,30 | – | Start | | 21,55 | 10 | 2173 |
| | 21,30 | 10 | 2142 | | | | |
| | | | | 3. 10. | 18,40 | – | Start |
| | | | | | 19,55 | 10 | 8332157 |
| 10. 9. | 19,25 | – | Start | | 20,55 | 10 | 2163 |
| | 20,55 | 10 | 2122 | | 21,55 | 10 | 2176 |
| | 21,55 | 10 | 2133 | | | | |
| | | | | 4. 10. | 19,00 | – | Start |
| 12. 9. | 19,20 | – | Start | | 19,55 | 10 | 8332135 |
| | 22,00 | 17,3 | 8331813 | | 20,55 | 10 | 2140 |
| | | | | | 21,55 | 10 | 2170 |
| 23. 9. | 19,50 | – | Start | | | | |
| | 20,55 | 10 | 8332117 | 5. 10. | 18,45 | – | Start |
| | 21,55 | 10 | 2144 | | 19,55 | 10 | 8332153 |
| | | | | | 20,55 | 10 | 2164 |
| | | | | | 21,55 | 10 | 2184 |
| 24. 9. | 18,30 | – | Start | | | | |
| | 20,55 | 10 | 8332150 | 6. 10. | 19,00 | – | Start |
| | 21,55 | 10 | 2157 | | 19,55 | 10 | 8332141 |
| | | | | | 20,55 | 10 | 2166 |
| 26. 9. | 18,50 | – | Start | | 21,55 | 10 | 2175 |
| | 20,55 | 10 | 8332160 | | | | |
| | 21,55 | 10 | 2167 | 14. 10. | 12,00 | – | Start |
| | | | | | 14,00 | 10 | 8332211 |
| | | | | | 14,02 | 0 | 2339 |
| 27. 9. | 18,45 | – | Start | | 14,04 | 10 | 2203 |
| | 19,55 | 10 | 8332141 | | 14,06 | 5 | 2327 |
| | 20,55 | 10 | 2157 | | 14,08 | 10 | 2207 |
| | 21,55 | 10 | 2164 | | 14,10 | 15 | 1987 |
| | | | | | 14,12 | 5 | 2324 |
| 28. 9. | 18,45 | – | Start | | 14,14 | 17,5 | 1847 |
| | 19,55 | 10 | 8332159 | | 14,16 | 10 | 2184 |
| | 20,55 | 10 | 2165 | | 14,18 | 20 | 1691 |
| | 21,55 | 10 | 2157 | | 14,20 | 10 | 2184 |

Tab. II. 90-m—Messungen, Ablesungen an $S_1$ (kursiv gedruckt) und an $S_2$ (S. 155) in cm; jede Ablesung in einer Vierergruppe entspricht einer der vier möglichen Kombinationen der Schalter *Sch I* und *Sch II*

| 15. Mai | | 19. Mai | | | 30. Sept. | | | 7. Okt. | | |
|---|---|---|---|---|---|---|---|---|---|---|
| *18,1* | 22,7 | *19,6* | 22,4 | *17,5* | *15,3* | 42,2 | 23,0 | *15,6* | 29,3 | 26,4 |
| *21,5* | 19,9 | *23,7* | 18,8 | *21,3* | *23,0* | 37,8 | 19,2 | *21,8* | 25,9 | 23,8 |
| *9,7* | 22,9 | *11,2* | 22,6 | *10,2* | *12,3* | 7,6 | 27,2 | *17,8* | 24,3 | 25,6 |
| *13,1* | 21,5 | *14,8* | 21,4 | *14,4* | *23,4* | 4,8 | 23,3 | *24,6* | 24,4 | 22,9 |
| 25,7 | *18,1* | 20,8 | *19,5* | 22,5 | 31,4 | 33,9 | *15,6* | 12,7 | 31,1 | *14,5* |
| 23,6 | *21,2* | 16,9 | *21,4* | 19,9 | 32,6 | 29,8 | *21,0* | 10,4 | 23,4 | *19,0* |
| 20,3 | *10,3* | 25,3 | *9,3* | 23,7 | 17,6 | 17,5 | *15,1* | 40,6 | 22,6 | *18,8* |
| 17,6 | *16,2* | 23,5 | *14,8* | 22,4 | 11,4 | 12,9 | *20,0* | 36,6 | 20,5 | *24,2* |
| *20,7* | 21,5 | *19,7* | 20,9 | *18,1* | 24,0 | *14,9* | | 23,7 | *16,5* | 25,4 |
| *21,0* | 18,4 | *23,0* | 19,4 | *22,5* | 21,0 | *19,1* | | 20,6 | *19,8* | 23,0 |
| *8,9* | 22,0 | *9,8* | 21,9 | *9,8* | 28,0 | *13,4* | | 29,8 | *17,7* | 27,7 |
| *10,9* | 20,9 | *14,2* | 21,0 | *13,3* | 26,0 | *22.8* | | 26,8 | *23,5* | 24,8 |
| 22,9 | *16,8* | 22,1 | *17,7* | | *12,3* | 9,8 | | *14,9* | 30,2 | 25,8 |
| 19,4 | *20,8* | 17,0 | *22,8* | | *21,3* | 3,0 | | *18,6* | 24,3 | 20,8 |
| 23,9 | *10,7* | 25,3 | *10,8* | | *15,2* | 47,8 | | *18,3* | 24,5 | 25,8 |
| 23,6 | *13,4* | 22,5 | *14,8* | | *23,0* | 42,2 | | *25,0* | 20,1 | 24,6 |
| *17,7* | | *21,3* | 22,3 | | 27,5 | 30,2 | | 21,7 | 19,3 | *15,9* |
| *19,3* | | *23,8* | 19,8 | | 21,7 | 25,4 | | 18,5 | 14,2 | *21,7* |
| *10,7* | | *10,8* | 23,4 | | 26·7 | 22,1 | | 31,3 | 30,8 | *14,7* |
| *11,6* | | *14,3* | 21,3 | | 24,0 | 17,4 | | 26,5 | 28,9 | *19,9* |
| 21,5 | | 21,0 | *20,7* | | 6,4 | *11,6* | | 28,4 | *17,7* | 22,3 |
| 20,1 | | 18,1 | *22,1* | | 1,0 | *19,8* | | 25,2 | *20,5* | 21,9 |
| 22,6 | | 26.0 | *9,7* | | 46,8 | *15,9* | | 25,2 | *14,5* | 25,8 |
| 20,5 | | 23,2 | *14,9* | | 42,6 | *21,9* | | 22,6 | *18,2* | 24,9 |
| *17,1* | | *21,3* | 21,9 | | *15,3* | 19,6 | | *14,9* | 20,8 | 21,9 |
| *21,7* | | *21,9* | 19,8 | | *19,9* | 17,0 | | *19,9* | 17,7 | 20,7 |
| *10,9* | | *9,9* | 22,8 | | *15,7* | 28,6 | | *16,7* | 31,6 | 27,5 |
| *15,9* | | *14,9* | 21,4 | | *19,3* | 25,2 | | *24,0* | 27,4 | 24,2 |
| | | | | | | | | | | *12,5* |
| | | | | | | | | | | *17,7* |
| | | | | | | | | | | *15,6* |
| | | | | | | | | | | *22,4* |

Tab. III. 7-km-Messungen, Ablesungen an $S_1$ (S. 155) in kursiven Zahlen und am Kristallrad; jede Ablesung in einer Vierergruppe entspricht einer der vier möglichen Kombinationen der Schalter *SchI* und *SchII*; die ersten Zahlen eines jeden Tages bedeuten Datum und Uhrzeit des Beginns der Messungen, die letzten Zahlen bedeuten die Uhrzeit für das Ende der Messungen

| | | | | | | | | |
|---|---|---|---|---|---|---|---|---|
| 6.5. | | *12,8* | *17,4* | *18,7* | 12,0 | *13,7* | 11,3 | *22,5* |
| | | *14,3* | 12,2 | *19,8* | 13,9 | *11,1* | *14,3* | *9,8* |
| $21^{40}$ | | *17,6* | 13,6 | 12,3 | 11,3 | *21,5* | *11,4* | *13,5* |
| | 8.5. | *20,8* | 7,7 | 13,8 | *18,0* | *17,5* | *21,7* | 13,5 |
| 11,6 | | 11,7 | 11,4 | 8,8 | *22,8* | 10,0 | *19,6* | 10,4 |
| 13,3 | $21^{45}$ | 5,6 | *14,9* | 11,4 | *12,2* | 12,5 | | 13,6 |
| 11,2 | | 16,5 | *12,0* | *15,3* | *16,7* | 8,0 | $23^{00}$ | 9,7 |
| 7,9 | 14,7 | 12,8 | *21,6* | *11,4* | 14,9 | 11,9 | | *18,9* |
| *16,4* | 13,0 | *11,7* | *20,1* | *20,2* | 13,5 | *13,7* | | *20,4* |
| *12,6* | 11,8 | *14,7* | 10,9 | *16,7* | 13,5 | *10,5* | | *8,8* |
| *20,2* | 9,1 | *21,0* | 14,1 | 12,7 | 11,0 | *21,5* | 14.5. | *11,0* |
| *16,9* | 10,7 | *21,4* | 10,0 | 14,0 | *20,3* | *19,2* | | 13,8 |
| 12,3 | 8,1 | | 12,2 | 9,8 | *21,7* | 10,4 | $21^{35}$ | 10,5 |
| 8,7 | 15,6 | $23^{00}$ | *14,8* | 11,3 | *10,3* | 12,1 | | 14,0 |
| 11,7 | 13,2 | | *12,1* | *12,0* | *14,6* | 9,0 | *20,2* | 8,9 |
| 8,7 | *12,5* | | *19,4* | *10,7* | 15,4 | 11,3 | *23,4* | *19,8* |
| *21,0* | *15,3* | 9.5. | *18,0* | *22,0* | 12,6 | *12,2* | *9,2* | *24,6* |
| *22,1* | *18,9* | | 11,3 | *17,6* | 13,6 | *9,6* | *14,8* | *8,3* |
| *11,3* | *21,4* | $22^{55}$ | 12,9 | | 11,3 | *21,0* | 12,1 | *13,0* |
| *13,3* | 10,7 | | 9,9 | $23^{00}$ | *19,7* | *17,5* | 6,7 | 13,6 |
| 11,7 | 7,0 | 13,0 | 11,8 | | *21,2* | 10,3 | 14,3 | 9,6 |
| 9,3 | 15,7 | 12,1 | *14,2* | | *11,5* | 13,2 | 10,3 | 13,5 |
| 12,2 | 13,4 | 13,8 | *11,4* | 11.5. | *14,7* | 8,0 | *17,2* | 9,3 |
| 8,6 | *12,9* | 12,6 | *21,8* | | 14,8 | 9,8 | *22,4* | *19,6* |
| *17,7* | *16,0* | *18,2* | *20,2* | $21^{50}$ | 12,5 | *14,4* | *9,2* | *24,4* |
| *19,6* | *19,3* | *19,3* | 11,1 | | 14,1 | *11,0* | *13,8* | *9,8* |
| *12,2* | *21,4* | *10,1* | 13,5 | *19,4* | 11,6 | *19,6* | 12,1 | *14,1* |
| *14,3* | 10,1 | *14,6* | 9,8 | *24,6* | *20,0* | *17,7* | 8,4 | |
| 11,7 | 7,3 | | 12,5 | *9,5* | *23,1* | 8,9 | 12,1 | $23^{30}$ |
| 7,6 | 15,5 | $23^{20}$ | *13,2* | *16,8* | *10,5* | 11,8 | 8,0 | |
| 12,7 | 13,6 | | *11,0* | 15,5 | *14,6* | 8,3 | *19,1* | |
| 8,8 | *14,2* | | *21,8* | 12,1 | | 11,1 | *21,0* | |
| *20,4* | *14,1* | 10.5. | *17,2* | 13,8 | $23^{00}$ | *13,7* | *10,8* | 24.9. |
| *23,2* | *17,8* | | 14,5 | 10,7 | | *11,6* | *13,5* | |
| *9,7* | *20,7* | $20^{45}$ | 17,2 | *17,6* | | *23,1* | 13,3 | $19^{25}$ |
| *15,5* | 10,8 | | −2,3 | *22,1* | 13.5. | *20,8* | 8,5 | |
| | 6,6 | *16,8* | 8,3 | *12,7* | | 9,5 | 12,7 | *21,3* |
| $23^{00}$ | 15,7 | *13,0* | *13,7* | *17,4* | $21^{30}$ | 12,5 | 9,3 | *28,6* |
| | 13,6 | *22,2* | *9,4* | 15,6 | | 8,8 | *19,5* | *12,9* |

Tab. III (*Fortsetzung*)

| | | | | | | | | |
|---|---|---|---|---|---|---|---|---|
| *18,4* | 13,4 | 9,0 | 10,0 | *25,2* | $19^{50}$ | 9,7 | 13,7 | 10,4 |
| 11,5 | 11,1 | 13,2 | 4,0 | 14,2 | | 13,2 | 11,3 | 10,5 |
| 5,3 | *22,7* | 11,3 | 15,7 | 9,4 | 15,7 | 10,5 | 12,0 | 4,0 |
| 16,0 | *25,8* | 13,4 | 12,1 | 13,7 | 9,3 | 12,3 | 8,6 | 15,8 |
| 11,8 | *12,4* | 11,2 | 8,6 | 8,5 | 8,3 | 9,2 | 13,4 | 12,3 |
| *20,3* | *15,9* | 9,9 | 4,0 | *11,0* | 4,0 | *10,9* | 11,2 | 10,8 |
| *22,8* | 9,5 | 8,0 | 16,9 | *22,2* | 16,4 | *15,7* | 11,2 | 4,0 |
| *14,7* | 6,6 | *18,5* | 13,4 | *9,6* | 15,7 | *18,7* | 8,8 | 15,4 |
| *17,8* | 13,6 | *24,4* | *11,4* | *20,0* | 8,3 | *23,4* | 13,4 | 10,9 |
| 12,3 | 10,7 | *10,3* | *16,9* | 13,9 | (−5,8) | 13,4 | 10,7 | *11,1* |
| 6,9 | 9,7 | *15,3* | *20,3* | 10,5 | | 10,5 | *12,3* | *18,6* |
| 18,4 | 6,2 | 14,8 | *26,4* | 13,6 | $20^{20}$ | 12,5 | *17,1* | *16,3* |
| 11,4 | 13,3 | 12,6 | 9,3 | 10,2 | 29.9. | 9,6 | *18,0* | *22,3* |
| *19,3* | 11,0 | 9,1 | −5,8 | 14,1 | | 13,7 | *25,2* | 15,3 |
| *24,3* | *22,1* | 7,5 | 15,9 | 10,0 | $19^{50}$ | 8,7 | | 10,6 |
| *13,2* | *27,2* | 6,4 | 13,1 | 12,9 | | 13,8 | $22^{20}$ | 12,2 |
| *17,1* | *13,3* | 10,6 | 7,2 | 8,4 | *27,2* | 8,9 | | 4,2 |
| | *17,5* | 11,9 | −5,8 | 14,5 | *29,7* | *14,6* | 3.10. | 15,5 |
| $20^{40}$ | *18,2* | 13,9 | 17,3 | 10,7 | *4,6* | *18,0* | | 11,3 |
| | *25,3* | *18,2* | 14,7 | 13,7 | *10,0* | *17,1* | $20^{20}$ | 11,3 |
| | *10,4* | *25,0* | *11,5* | 8,1 | 13,0 | *23,4* | *10,9* | 7,1 |
| 26.9. | *14,0* | *8,7* | *19,7* | 14,7 | 8,5 | 13,1 | *14,4* | 14,4 |
| | 10,7 | *18,2* | *14,2* | 11,3 | 15,5 | 9,4 | *17,8* | 10,8 |
| $19^{40}$ | 7,0 | | *20,4* | 13,5 | 10,0 | 13,0 | *23,4* | 12,4 |
| | 12,9 | $22^{30}$ | 7,4 | 9,8 | 12,4 | 9,4 | 14,4 | 7,1 |
| *25,6* | 10,2 | | −5,8 | *17,7* | 9,8 | 13,2 | 4,4 | 14,9 |
| *27,7* | 10,3 | | 17,7 | *21,2* | 12,4 | 9,7 | 13,5 | 9,7 |
| *14,0* | 4,8 | 27.9. | 15,3 | *8,7* | 10,3 | 14,3 | 3,9 | 12,7 |
| *16,6* | 13,2 | | 9,7 | *17,2* | *13,4* | 10,5 | 12,5 | 8,4 |
| 14,2 | 10,9 | $19^{50}$ | −5,8 | | *19,8* | *10,4* | −5,8 | *11,4* |
| 11,4 | *20,0* | | 16,3 | $22^{20}$ | *17,6* | *15,8* | 15,1 | *16,5* |
| 8,9 | *24,4* | *15,7* | 14,4 | | *23,0* | *21,2* | 10,3 | *16,0* |
| 4,0 | *6,3* | *21,5* | *12,8* | | 13,4 | *26,5* | 11,1 | *22,0* |
| 9,5 | *14,8* | *11,1* | *19,5* | 28.9. | 10,5 | 12,7 | 5,8 | |
| 5,0 | 10,7 | *21,4* | *16,8* | | 12,6 | 8,8 | 14,6 | $22^{30}$ |

Tab. IV. Atmosphärische Bedingungen

| 1949 Datum | Stunde | Temperatur [°C] Geod. | Spiegel | Druck[1]) [Torr] | Temperatur des Barometers [°C] |
|---|---|---|---|---|---|
| 6. 5. | 21,02 | + 9,2 | + 8,6 | 749,3 | +10,8 |
| | 21,35 | 7,9 | 8,6 | | |
| | 22,20 | 7,7 | 7,6 | | |
| | 23,05 | 7,6 | 7,4 | 749,7 | 9,5 |
| 8. 5. | 21,25 | 1,6 | 2,6 | 754,9 | 4,1 |
| | 22,15 | 1,2 | 1,9 | | |
| | 23,00 | 0,4 | 1,6 | 755,0 | 3,3 |
| 9. 5. | 21,00 | 3,9 | | 761,4 | 5,6 |
| | 22,50 | | 2,2 | | |
| | 23,15 | | 1,6 | | |
| 10. 5. | 20,57 | 9,1 | 8,9 | 764,6 | 10,1 |
| | 21,45 | 9,0 | 9,1 | | |
| | 22,20 | 8,6 | 8,6 | | |
| | 22,50 | 7,7 | 7,8 | 765,0 | 9,6 |
| 11. 5. | 21,40 | 8,2 | 7,8 | 678,8 | 9,5 |
| | 22,05 | 7,8 | 7,8 | | |
| | 22,40 | 7,6 | 6,8 | | |
| | 23,10 | 7,1 | 6,8 | 768,8 | 8,7 |
| 13. 5. | 21,20 | 11,4 | 11,4 | 764,6 | 14,1 |
| | 22,00 | 11,4 | 11,7 | | |
| | 22,35 | 11,0 | 10,3 | | |
| | 22,55 | 10,8 | 10,6 | 764,6 | 13,3 |
| 14. 5. | 21,25 | 9,8 | 9,7 | 762,3 | 12,8 |
| | 21,50 | 8,9 | 8,3 | | |
| | 22,30 | 8,7 | 8,1 | | |
| | 23,20 | 8,3 | 7,5 | 762,1 | 10,6 |
| 24. 9. | 19,08 | | 12,6 | | |
| | 19,20 | 11,1 | | 767,7 | 12,9 |
| | 20,10 | 10,6 | 12,1 | 767,9 | 12,7 |
| | 20,55 | 11,9 | 11,9 | 767,8 | 12,9 |
| | 22,00 | 11,2 | 10,9 | 768,0 | 12,8 |

[1]) Die Druckangaben sind unreduzierte Ablesungen. Geogr. Breite = 59°32′, 26 m über NN. Messingskala, bei 0 °C korrigiert.

Tab. IV. (Fortsetzung)

| 1949 Datum | Stunde | Temperatur [°C] Geod. | Spiegel | Druck[1]) [Torr] | Temperatur des Barometers [°C] |
|---|---|---|---|---|---|
| 26. 9. | 19,20 | +15,6 | +15,6 | 764,2 | +15,9 |
| | 19,55 | 15,2 | 15,3 | 764,2 | 15,9 |
| | 20,50 | 14,8 | 14,7 | 764,1 | 16,2 |
| | 22,00 | 14,2 | 14,7 | 764,1 | ? |
| | 22,15 | 14,0 | | | |
| | 22,30 | | 14,7 | | |
| 27. 9. | 19,20 | 13,3 | 13,7 | 763,4 | 14,6 |
| | 20,15 | 12,2 | 12,5 | | |
| | 21,00 | 11,7 | 12,0 | 763,1 | 12,7 |
| | 22,00 | 11,7 | 11,9 | 763,0 | 12,2 |
| | 22,00 | 11,2 | 11,9 | | |
| 28. 9. | 19,05 | 10,8 | | 764,0 | 12,6 |
| | 20,00 | 10,4 | 11,8 | 764,1 | 12,2 |
| | 20,35 | | 10,1 | | |
| 29. 9. | 19,35 | 13,8 | 13,0 | 758,9 | 14,6 |
| | 20,00 | 13,6 | 12,9 | 758,6 | 14,5 |
| | 21,00 | 14,2 | 14,2 | 758,3 | 14,7 |
| | 22,00 | 14,1 | 13,9 | 757,8 | 14,6 |
| | 22,25 | 14,3 | 14,3 | 757,6 | 15,1 |
| 3. 10. | 19,45 | 9,9 | 9,9 | 747,3 | 10,6 |
| | 21,00 | 8,9 | 9,1 | 749,3 | 9,8 |
| | 22,30 | 8,1 | 7,8 | 751,7 | 9,5 |

[1]) Die Druckangaben sind unreduzierte Ablesungen. Geogr. Breite = 59°32′, 26 m über NN. Messingskala, bei 0°C korrigiert.

Bei den Messungen in Norrland und mit der 1762-m-Basislänge wurde das Geodimeter mit einer Spannung von einem tragbaren Benzinmotorgenerator von 400 W gespeist. Für den Rest wurden 230 V aus dem Netz verwendet.

*Literatur*

[1] WHITE, Rev. sci. Instr., Jan. 1935 (KERR-Zelle).
[2] BARRELL und SEARS, Philos. Trans. roy. Soc. London 1 (1939).
[3] JENKINS und WHITE, Fundamentals of Physical Optics (Gruppengeschwindigkeit).
[4] MICHELSON, Astr. J. **65** (1927) 1 (Lichtgeschwindigkeit).
[5] MITTELSTAEDT, Ann. d. Phys. **2** (1929) 285.
[6] MICHELSON, PEASE und PEARSON, Astr. J. **82** (1935) 26.
[7] ANDERSON, Rev. sci. Instr. **8** (1937) 239.
[8] HÜTTEL, Ann. d. Phys. **37** (1940) 365.
[9] ANDERSON, J. opt. Soc. **31** (1941) 185.
[10] BIRGE, Reports on Progress in Physics **VIII** (1943).
[11] DORSEY, Trans. Amer. philos. Soc. **34** (1944) 1.
[12] WARNER, Austral. J. Sci., Dez. 1947.
[13] ESSEN und GORDON-SMITH, Proc. roy. Soc. **194** (1948) 348.
[14] BERGSTRAND, Ark. M. A. F. **36** A (1949) 20.
[15] ASLAKSON, Trans. Amer. geoph. Union **30** (1949) 475.
[16] HOUSTOUN, Nature [London] **164** (1949) 1004.
[17] BERGSTRAND, Ark. M. A. F. **29** A (1943) 30 (Entfernungsmessung).
[18] BERGSTRAND, Act Com. geod. Baltique, Helsingfors 1948.
[19] HART, Bull. Geod. (1948), Nr. 10.
[20] JOHNSON, HEYWOOD, Met. Off. Geoph. Mem. **IX** (1938) (Temperaturgradient).

# *Namen- und Sachverzeichnis*

*Der Autor*

- **kommentiert die frühen Arbeiten über die Lichtgeschwindigkeit**
- **beschreibt die Messungen von Michelson, Pease, Pearson, Essen, Gordon-Smith und Bergstrand**
- **schildert die neuesten und noch im Entwicklungsstadium befindlichen Meßverfahren**
- **läßt im zweiten Teil des Buches die bedeutendsten Forscher mit ihren Originalarbeiten zu Wort kommen**

WISSENSCHAFTLICHE TASCHENBÜCHER

MIX
Papier | Fördert gute Waldnutzung
FSC® C083411

Zeitfracht Medien GmbH
Ferdinand-Jühlke-Straße 7
99095 Erfurt, Deutschland
produktsicherheit@kolibri360.de